繊維応用技術研究会 編

改訂新版

ヘアケアってなに？

美しい髪・健康な髪へのアプローチ

花王株式会社　ヘアケア研究所　著

株式会社 繊維社 企画出版

改訂新版 発刊にあたって

　繊維応用技術研究会は、「温故知新」の諺（ことわざ）のごとく、企業における技術基盤の確立あるいは再構築を行い、新たな技術開発のエネルギーを蓄えることが重要であるとの認識に立ち、平成9年に設立された研究会です。その後、20数年経過しましたが、この間、繊維関連の教育環境は悪化する一方であり、繊維関連学問および技術の継承が危うくなりつつあります。故きを温ねようとしても、温ねるところがないという事態も起こりつつあります。特に、天然繊維に関してはこの傾向は顕著であり、「生きた知識」を学ぶことができないといっても過言ではないでしょう。

　現在の繊維業界を取り巻く厳しい環境を切り拓くには、今後ともこのような研究会が必要であり、これまで培ってきた研究会の財産を無にすることなく、新たな目標に向けて人的財産を活用していくべきであることは、研究会員一同認めるところであります。このような理念のもと、研究会のメンバーが中心となり、これまでの研究会における知的財産が繊維産業および関連産業を担う若手の勉学に役立つことを願い、繊維応用技術研究会編技術シリーズを発刊することとしました。

　本書は、その第3巻として2014年8月に初版を発刊いたしました。この書は、花王の美容関連製品の開発に係わった研究者や技術者の方々の知見をもとに、ヘアケアに興味を持ち始めた人向けに、髪と上手に付き合い、お手入れする方法をわかりやすく伝えることを念頭において執筆されたものです。構成としては、美しい髪、健康な髪とはどのような髪をいうのかからはじまり、その髪を健康に育てるための育毛の必要性が説かれ、最も重要な日常のヘアケアへと展開されています。ヘアケアでは、髪と頭皮のお手入れ方法として、よりやさしく、わかりやすく解説されており、興味深く読むことができるのではと思います。また、長きにわたり行ってきた研究成果の一部も、物理化学になじみのない読者にもわかってもらえるようにと解説されていることも特筆すべき点かと思われます。

　このたび、初版を全面見直すとともに、新たな知見や解説・イラストを追加し、装いも新たに増補・改訂新版として低価格で発行されることは、次代を担う若い人たちにも裨益するところが大きいと確信いたします。花王の研究技術陣が、正しいヘアケアの在り方を多くの方々に知っていただくことを願って書かれていますので、読者の方々には、読むだけでなく取り組めることから実践していただくことを願う次第です。

編集委員長　上甲　恭平

（椙山女学園大学　教授）

Contents

はじめに

▶ **美しい髪、健康な髪** ━━━━━━━━━━━━━━ 01

美しい髪、健康な髪ってどんな髪？　　02
髪の構造　　04
髪の太さとくせ　　05
美しい髪、健康な髪の構造はどうなっている？　　06
髪のダメージを感じるわけ　　07
なめらかさが損なわれるのは？　　08
しなやかさが損なわれるのは？　　10
つやが損なわれるのは？　　12
パサつきとは？　　14
髪のなりたちと成長　　16

▶ **髪と頭皮のお手入れ帳** ━━━━━━━━━━━━ 19

髪のケア、頭皮のケア　　20
髪の傷み　　22
髪のお手入れ、基本の6箇条　　24
髪を傷めないとかし方　　26
コラム：ブラッシング　　27
紫外線対策　　28
静電気対策　　29
頭皮ケアって？　　30
頭皮のトラブル　　32
髪と地肌のための上手な洗髪方法　　34
濡れている髪のお手入れ　　39
洗髪の実態　　40
ヘアケア製品　　42
日本の毛髪・頭皮ケアの歴史　　50
Q＆A ◆毛髪と頭皮のケア　　54

ヘアスタイルを整えるって？　58
ヘアスタイルが整うしくみ　59
ヘアスタイルが乱れるのは？　60
ヘアスタイルを整えにくい髪の状態　62
上手に整えるコツ　63
髪の乾かし方　64
パーマ　69
スタイリング時のダメージ　70
アイロン（コテ）の上手な使い方　72
スタイリング剤　74
ヘアスタイルとスタイリング技術の歴史　78
Ｑ＆Ａ◆スタイリング編　88

カラーリングって？　92
ヘアカラー（酸化染毛剤）の特徴と染まるしくみ　93
ヘアカラーリング剤の種類と特徴　94
ヘアカラーリング剤の選び方と使い分け　96
ヘアカラー（酸化染毛剤）の選び方　98
ヘアカラーの色選び　100
カラーリングの歴史　105
Ｑ＆Ａ◆カラーリング　110

育毛って？　116
髪の成長の変化と薄毛　118
育毛方法　120
髪のエイジング　122
コラム：シニア世代の髪の変化　127
Ｑ＆Ａ◆育毛・エイジング編　128

▶ 研究トピックス　131

キューティクルについて　132
毛髪内部の傷みと補修　139
日本人と西洋人（コーカシアン）の毛髪の違い　144
くせ毛　146
髪の色　148
天然由来のメラニンのもとで白髪を染める技術　150

索　引　152

おわりに

はじめに

　この本は、ヘアケアに興味を持ち始めた人向けに、髪と上手に付き合い、お手入れする方法をわかりやすくお伝えするために執筆しました。

　日本では「髪は女の命」といわれ、また、昔の CM で、「髪」の字には長い友だちという字が入っているといわれたとおり、人の外見の印象の重要な要素です。

　髪の毛のしくみから、美しい髪を維持する方法まで盛り込んでいます。秘訣は、日常のケアがとても大切なので、そのポイントを説明していきます。いくつか実践していただけたら幸いです。

　さあ、美しい髪について考えてみましょう！

　最初にあなたの理想の髪を思い浮かべてみてください。

美しい髪、健康な髪

hair care

美しい髪、健康な髪ってどんな髪？

なめらか、しなやか、つやがある髪

手触りが良く、心地良く扱える。

動いた後も自然に整いやすい。

なめらか

手触りがなめらか
流れが整っていて指通りが良い
動いて戻っても、なめらかで流れが整いやすい

しなやか

1本1本の髪が、弾力があってしなう
折れにくく、弓なりになる
バネのような反発力があって元に戻る

髪全体が、なめらかに動く
スムーズで柔らかく、流れるように動く

つややか

1本1本の髪が、つやがある
髪の流れがそろっていて、つやがある
動いてもつややか

髪の構造

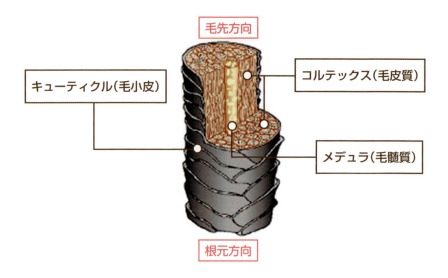

▶ キューティクル

最も外側にある部分で、半透明のうろこ状のものが層状に重なって、髪の内部組織を守る役割をしています。根元部分は平均7枚、毛髪によっては10枚以上重なっている場合もあります。髪の感触、まとまりやすさ、つやを左右しています。最表面にあるため、摩擦にさらされて傷つきやすいものです。

▶ コルテックス

キューティクルの内側にあり、髪の約80%を占めています。主として繊維状の構造でできています。
この部分のタンパク質・脂質の構造や水分量が、髪の柔軟性に影響します。また、メラニン色素は主にこの部分に含まれていて、その種類と量によって、髪の色が決まります。

▶ メデュラ

髪の中心にあり、多孔質の構造をしています。
働きはよくわかっていませんが、膨潤や収縮する際の緩衝スペースや、大きな空洞を有する動物の毛では断熱効果に役立っていると考えられています。

髪の太さとくせ

▶ 太さや硬さ

髪の太さや硬さは、髪の大部分を占めるコルテックスの量で決まります。コルテックスの量が多いと髪は太く、少ないと細い。多くの場合、太い髪は細い髪より曲がりにくいため、硬く感じられる傾向があります。

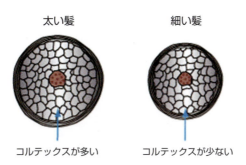

▶ くせ毛の構造

毛髪内部のコルテックス細胞には、少なくとも2つの種類があり、この2種類は細胞内部の構造や組成が異なり、硬さも少し違います。
毛髪断面を見ると、直毛は2種類の細胞の分布の偏りがなく、細かくモザイク状または同心円状に分布しているのに対し、くせ毛はこれらの細胞が偏って分布していて、その偏りが大きいほどくせが強いことがわかりました。

（参照：P146 くせ毛）

2種類のコルテックス細胞の分布の違い

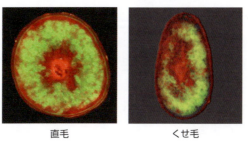

hair care

美しい髪、健康な髪の構造はどうなっている？

▶ **キューティクルのめくれ上がり（リフトアップ）や凹凸が少なく表面がなめらか**
なめらかで、引っかかりがない

▶ **内部の空洞が少なく（密な構造）、柔軟性がある**
弾力がある
つやがあり、色に深みがある
しなやか（柔らか）

▶ **表面がなめらかで内部の空洞が少なく柔軟性があると、**
髪の流れがそろいやすく
まとまりやすく、パサつきにくい
つややかにまとまる
（キューティクルの傷みが進みにくい）

髪のダメージを感じるわけ

▶ 健康で美しい髪の構造は…

・キューティクルのリフトアップや凹凸が少なく、表面がなめらか
・内部の空洞が少ない（構造が密な状態）

それぞれの構造変化により、ダメージとして実感されます。
また、キューティクルが損なわれると、内部の成分が流出しやすくなります。

	構造変化	実感すること
キューティクル 美しい髪　　ダメージを 受けた髪	・表面の脂質が失われる ・キューティクルが欠けたり、はがれたりする ↓ ↑ ・表面の凹凸が増える ・表面が親水化する	絡まる 指通りが悪い 枝毛
		パサつく まとまらない つやがない 切れ毛
コルテックス 美しい髪　　ダメージを 受けた髪	・内部の成分が流出し、空洞が多くなる ↓ ・弾性低下	コシ・弾力がなくなる 強度が弱くなる
	・柔軟性成分減少	ごわつく／硬い
	・変性（凝集・断裂） ↓ ・弾性低下 ・伸びやすくなる	コシ・弾力がなくなる 形がつかない、持たない

007

なめらかさが損なわれるのは？

▶ キューティクルが傷む

　小さい子どもの吸い付くようななめらかな髪の感触は、MEA[注1]によるものです。しかし、シャンプー＆スタイリングといった日々のお手入れ時に髪がこすれ合ったり過度に引っ張られたりすることによって、キューティクルが削れて傷みます。削れると引っかかって、より削れやすくなります。さらにヘアカラー・パーマ処理、強い紫外線を浴びた後は、MEAやタンパク質が損なわれることなどによってキューティクルの接着性が弱くなり、より少ない力でも削れやすくなってしまいます。

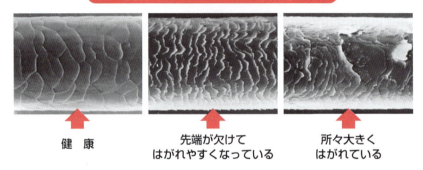

毛髪表面、キューティクルの傷み

健　康　／　先端が欠けてはがれやすくなっている　／　所々大きくはがれている

注1）MEA…18-メチルエイコサン酸の略称。キューティクルにある表面の脂質。

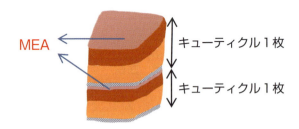

▶ 汚れる

　洗髪してから時間が経つと、頭皮から分泌される皮脂などが徐々に髪に移行します。

　また、髪表面をなめらかにするために使った製品も、時間がたつと、手に移るなどして削げ落ちたり、髪の上で偏ってきたりします。

　こうして、べたついたり、さらに汚れが付着したりして、なめらかさが損なわれることがあります。

こんなことも起きています！

●毛先の方がキューティクル枚数が少ない

　最もシャンプー＆スタイリング回数、またヘアカラー・パーマ回数も多いため、削れて少なくなっています。

●髪が長いほど、毛先のキューティクルが傷んでいる

　髪が長いほど、毛先のシャンプー＆スタイリング回数、またヘアカラー・パーマ回数も多く、削れて少なくなっています。

●キューティクルが損なわれると、枝毛や切れ毛になりやすい

　キューティクルが薄くなると、コルテックス細胞が裂けたり（枝毛）、切れやすくなります。

▶ なめらかさを保つには

- ・日頃のお手入れで強くこすり合わせたり無理に引っ張ったりせず、傷つけないようにする
- ・こすれ合うときの衝撃を緩和するために、なめらかにする製品を利用する
- ・汚れを取り除く

しなやかさが損なわれるのは？

▶ 表面がなめらかでなくなる

髪全体がしなやかに動くには、引っかかりがなく、表面がなめらかであることが重要な要素の1つです。

▶ 内部の成分が流れ出る

髪の内部の成分（タンパク質や脂質）は、シャンプー時に徐々に流れ出ます。キューティクルが傷んでいると、より流れ出やすくなります。また、ヘアカラー・パーマ処理、強い紫外線を浴びた後は、内部成分が壊れたり、キューティクルどうしの接着性が弱くなったりするので、より流れ出やすい状態となります。内部の成分が損なわれると、空洞が増加し、弾力（コシ）がなくなったり、ごわついたりして、しなやかさが低下します（P7 参照）。

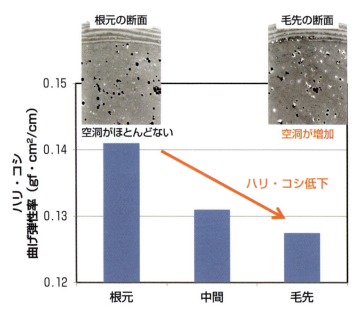

傷みの進んでいる毛先は、空洞が増加し、曲げ弾性が低下、つまりハリ・コシが損なわれる。

▶ しなやかでなくなると…

・ハリ・コシが損なわれる

　髪内部の成分が損なわれて空洞が多くなると、ハリ・コシが損なわれ、形状に影響が出ることもあります。ハリ・コシは曲げ弾性で評価できます。ハリ・コシが損なわれると、根元が立ち上がりにくくなったりします。

・強度が弱くなる

　髪内部の成分が損なわれ、空洞が多くなると、引張り強度（破断強度）も弱くなります。これは、同じ力をかけ続けた場合の切れやすさにつながります。

・毛流れがそろいにくくなり、つやが損なわれる

　なめらかさが損なわれると、毛流れがそろいにくくなります。特に毛先がそろいにくくなりがちです。
　しなやかでなめらかだと、ストレートに近いスタイルだけでなく、波打つようなウェーブスタイルも、流れがそろってつやがある状態が可能です。

・ごわついて硬く感じる

　コルテックスには、繊維状のコルテックス細胞とその間の細胞間脂質があります。細胞間の脂質が流れ出ると、髪1本1本の柔らかさが損なわれ、硬く感じるということがわかってきました。

▶ しなやかさを保つには

- ・キューティクルを守り、内部の成分の流出を抑える
- ・ヘアカラー・パーマの頻度を抑え、同じ部位への施術を必要最小限にする　　　　　　　　　　　　　　　　　　　（参照：P25、97）
- ・紫外線を避ける　　　　　　　　（参照：P28　紫外線対策）
- ・毛髪の構造に働きかけ、空洞を補修するヘアケア製品を利用する
　　　　　　　　　　　　　　　　　　　　　　（参照：P142）

011

つやが損なわれるのは？

▶ 髪の表面が傷んでいる

　キューティクルが傷んで、はがれたり浮き上がったりして、表面がデコボコしていると、輝きが弱まりぼやけます。また、毛流れがそろいにくくなり、つやの低下にもつながります（右ページ）。

▶ 髪の内部に空洞が多い

　髪内部のタンパク質や脂質、メラニン色素が流れ出て空洞が発生すると、髪の内部に入った光が空洞で散乱します。すると、髪色を反映した輝きが弱くなり、透明感のない鈍い感じに見えます（下図）。これは、気泡や不純物を含んだ氷が白いのと同じ原理です。

内部に空洞が少ない髪

内部に空洞が多い髪

▶ 髪の流れがそろっていない、そろいにくい

　うねり毛やくせ毛が多く混ざっていたり、表面が傷んでデコボコしていたり、内部に空洞が多くなり、しなやかでないと、髪の流れがそろいにくいため、つややかに見えにくくなります。

　毛流れがそろわないと、1本1本に輝きがあったとしても連続しないため、つややかに見えないのです。反対に、光沢がきれいにつながると、いわゆる天使の輪になります。うねりやくせがあっても、流れがある程度そろっていると、つややかに見えることがあります。またなめらかさの要素は、流れがそろった状態を保つうえでも大切です。

　また、細かくうねる毛が多いと、白くちらつき、パサついて見えます。

うねりなし毛束

うねり10%混入

うねりの少ない髪

うねりのやや多い髪

▶ つやを保つには

・髪内部の空洞を増やさない
・髪表面を傷めない、なめらかに保つ
・髪の流れをそろえるように整える
・髪内部の空洞を補修する

　髪内部の空洞を増やさないようにお手入れすることはもちろんですが、補修する技術も開発されてきています。毛髪組織そのものを膨潤させて空洞を少なくすると、つやが向上します。

空洞を補修した髪

空洞の多い髪

パサつきとは？

▶ **髪がパサつくとは、毛流れがそろわずバラバラな状態のこと**

見たり触ったりして、水分や油分が足りない状態に感じますが、それだけが原因ではありません。

「パサつき」は、辞書には「水分や油気がなく、かさかさする、ぱさぱさする」状態のことと記載されています。頭髪の場合は、水分量が少ないから起こるわけではありません。同じ湿度では、傷んでいる髪の方が水分量が多いのです。

毛流れをそろえるようにしてしっかり乾かせば、手触りもなめらかでパサつかずに仕上がり、長持ちします。

パサついている例＝毛流れがバラバラで、浮き毛が出、まとまっていない

見た目：

毛流れがバラバラでそろっていないと、ドライな質感つまりパサつきと感じます。表面に浮毛が出たり、毛先がまとまっていない状態などが当てはまります。髪の流れがそろっていないと、つやが損なわれます（P13参照）。

手触り：

毛流れがバラバラだと、ざらついた手触りです。
毛束に指を通すと指の温度が下がるのですが、毛流れがそろっている方が接触面積が大きいため、より下がります。凸凹が少なくなめらかであることと合わせて、うるおいと感じていると考えられます。

指先には温度、圧力、痛覚を感じるセンサーがありますが、水分を感じるセンサーはありません。私たち人間は、濡れたものに触れると指の温度が低下することを経験的に学んでいるため、実際の水分量に関係なく、指先の温度が低下するだけで、潤い感と認識します。毛流れがそろっていると、指への接触面積が大きいためより温度が低下します。

▶ パサつく原因

お手入れの方法、髪の状態に原因があります。

◆乾かして仕上げたときに、乾いていない部分がある

うるおいが足りないからパサつく、と思っている人が多いため、ヘアスタイルを整えても乾かしきれていない例が多く見られます。

◆仕上げた後で湿度が高くなる

（参照：P60　ヘアスタイルが乱れるのは？）

◆表面のすべりが良くない

表面がなめらかでないと、髪の流れがそろいにくく、またきれいに整えても動いて毛流れが乱れると元に戻りにくくなります。

◆くせ、うねり毛が多い

ねじれたりうねったりしていることで、髪の流れがそろいにくい。

（参照：P62　ヘアスタイルを整えにくい髪の状態）

▶ パサつきを防ぐには

毛流れをそろえるようにしてしっかり乾かせば、手触りもなめらかでパサつかずに仕上がり、長持ちします。

◆表面をなめらかにしておく
◆根元をしっかり乾かし、毛先に向かって毛流れをそろえるようにして、全体をしっかり乾かす
◆ダメージを抑える

（参照：P64　髪の乾かし方）

髪のなりたちと成長

▶ 髪のなりたち

　髪は、毛乳頭の指令で毛球にある毛母細胞が分裂・増殖し、キューティクル・コルテックス・メデュラに分化し、角化したものです。毛髪は死んだ細胞ですが、毛母細胞が活発に分裂・増殖することによって押し出されて伸びます。

　メラニン色素は、毛母細胞の近くに存在するメラノサイトがつくり、毛母細胞に受け渡します。メラニン色素の量と種類で髪の色が決まります。

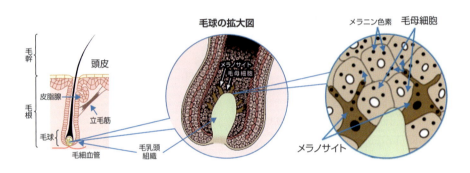

▶ ヘアサイクル／1本の髪の寿命は約4～6年

　髪は、1日に約0.3mm、1ヵ月で約1cm、1年で約15cm、約4～6年間伸びます。

　髪はずっと伸び続けるのではなく、一定の期間を経ると自然に抜け落ち、抜け落ちたところからまた新しい髪が生えます。1本の毛髪が成長しはじめてから抜け落ちるまでの周期をヘアサイクルといいます。

　ヘアサイクルのうちのほとんどは、毛母細胞が分裂・増殖する成長期です。成長期が長ければ、髪はその分長く成長し、また太くなる傾向があります。その後、成長が止まる退行期（2～3週間）を経て、休止期（数ヵ月）になると、毛根の位置が浅くなり、その奥で新たに成長を始めた髪に押し出されるようにして、洗髪やとかすときの数g以下の力で自然に抜け落ちます。1日におよそ50～100本は自然に抜けます。

　ヒトの毛髪は1本1本ヘアサイクルの期間や時期が異なり、脱毛の時期がランダムにずれるため、通常は一度にまとめて抜けることはありません。

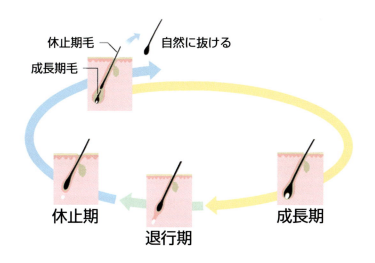

- 【成長期】 毛母細胞が分裂・増殖し、髪が伸びる期間。
通常4〜6年続き、頭髪全体の85〜90%を占める。
伸長速度は、0.3mm/日、約1cm/月。
- 【退行期】 毛母細胞が分裂・増殖しなくなり、毛乳頭と完全に離れるまでの期間。
メラニン色素の産生も止まる。
2〜4週間（数週間）。
- 【休止期】 毛乳頭から離れて成長せず、抜け落ちるまでの期間。
約3ヵ月（数ヵ月）、頭髪全体の10〜15%を占める。
数g以下の力で抜けるので、洗髪・スタイリング時に自然に抜ける。

1日50〜100本の抜け毛は正常

休止期の割合と成長期間などから、1日にこのくらいの本数が抜けると計算されます。抜け毛を心配する必要はありません。

抜ける本数や短く細い抜け毛が増えるという症状は、成長期などの変化が起こり、薄毛になり始めている兆候です。原因としては、加齢、遺伝、ストレスや体力の減退、ホルモンのアンバランス、薬の副作用などが考えられます。

（参照：P118　薄毛のサイン）

▶ 髪の色

髪の色は、メラニン色素の種類と量で決まる

　持って生まれた地毛の色は、コルテックスに存在するメラニン色素の種類と量によって決まります。

　メラニン色素の種類は、ユーメラニン（黒褐色系）とフェオメラニン（黄赤色系）の2つがあります。いずれのメラニンをも、ほとんど含まないのが白髪です。

（参照：P148-149　髪の色）

黒髪の断面　　ブロンドの断面　　白髪の断面

メラニン（中心以外の色づいている部分）

白髪になるのは、メラニン色素がつくられなくなるから

　白髪になるのは、メラノサイトの働きが低下してメラニン色素がつくられなくなったり、毛母細胞に色素が受け渡されなくなるからです。

　メラノサイトの働きが低下する原因はよくわかっていませんが、加齢ばかりでなく、遺伝も影響しているようです。また、ストレス、高熱、薬の副作用なども影響があるともいわれています。

「一晩ですっかり白髪になってしまった」という話を聞くことがありますが、白髪になるしくみから考えて、生えている髪から色素が抜けて白髪になるということは考えられません。

白髪はメラノサイトの働きが低下して発生するもので、毛母細胞の分裂・増殖は行われているため、抜けても次の髪が生えてきます。

（参照：P128　Q. 白髪を抜いてはいけないの？）

髪と頭皮のお手入れ帳

髪のケア、頭皮のケア

毛髪（見えている部分）

根元から約15cmの髪は
・1年前に生えた毛
・角化していて、組織が再生しない
・頻繁に洗髪し、とかしている
・キューティクルが削れ、内部の成分が失われている

角化する

キューティクル・コルテックス・メデュラ
ができる

毛母細胞
＊毛乳頭の指令で増殖・分裂し、髪の元になる
＊メラノサイトがつくったメラニン色素を受け取る

▶ 髪のケア　　　　　　　　　　　（参照：P22-29、P34-39）

生えてきた髪の構造は、再生しない。
根元の髪が常に新しく最も健康な髪。
＊髪は、傷みを少なくするようにお手入れをすることが大切
　適切にヘアケア製品を選んで使い、なめらかで絡まりのない状態を保つ。ていねいに扱い力をかけないことで、髪への負荷が軽減されて傷みの進行が抑えられる。
＊傷んでしまっても、より良く整えることはできる
　傷むと手触りが悪くなったり流れがばらばらになったりする。
毛流れをそろえるようにして上手に乾かすと、まとまり良く整えることができる。

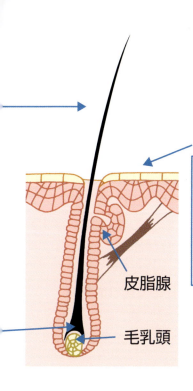

頭皮

・表皮の生まれ変わりの周期は、
　4～6週間（他の部位と同じ）
・皮脂と汗の分泌が多い
・髪が密集している

・皮脂と汗が変質したものが、
　かゆみ（赤味）や、ニオイの原因

皮脂腺
毛乳頭

▶ 頭皮のケア　　　　　　　　　　　　　　（参照：P30-39）

　頭皮で何が起こっているのかは、近年になって解明されてきた。
＊他の部位との大きな違い
・髪が密集している。これにより、外気による乾燥や紫外線の影響は受けにくい反面、頭皮は洗いにくい。
・皮脂や汗の分泌量が多い。
・髪が密集していて、皮脂分泌量が多いため、乾燥から守られている。
＊皮脂や汗が変質した物質が、かゆみ・ニオイの原因
　頭皮上から取り除きリニューアルすることが必須。洗髪は最も有効な方法。フケやかさつきは、頭皮への刺激を防ぎ、表皮の生まれ変わりの周期を正常に保つことで防ぐことができる。
＊頭皮は洗いにくい。取り除きたいのは油性成分。
　頭皮は見た目の状態がわかりにくいので、シャンプーを使ってまんべんなく洗う意識が大切。

髪の傷み

髪の傷みは、大きくキューティクルの傷みと内部の傷みに分けられます。

(参照：P7)

▶ キューティクル

強くこすれたり、引っ張られたりして、削れ、はがれる

洗髪をして髪を整える日々のお手入れで髪をとかす際に、髪をこすったり、髪どうしがこすれ合ったりすることによって、うろこ状の先端が削れます。削れてギザギザに浮き上がるとさらに削れやすくなります。この繰り返しが毎日起こっています。髪を整えるためにとかす行動をするため、この傷みは避けられません。

濡れていると、髪が柔らかくなっていて小さい力で削れやすい

柔らかくなっているうえに、洗髪時、髪を乾かしているときには、こすれたり、とかしたりする回数が多いので、最も傷む場面です。

髪表面をなめらかにして、髪がこすれる力（摩擦）を軽減し、ていねいに扱うことを心がければ傷みを抑えられます。絡まったり、きしんだりするのは、傷んでいるサインです。 (参照：P39 濡れている髪のお手入れ)

アイロンで加熱されているときも柔らかい

強く挟んで、引っ張ったりこすったりすると、キューティクルがごっそりはがれることがあります。これを繰り返すと感触が悪化し、枝毛ができやすくなります。 (参照：P70 スタイリング時のダメージ)

ヘアカラー・パーマや紫外線の影響

脂質やタンパク質が損なわれて、キューティクル層間の結びつきが弱まっているため、より小さい力で削れやすくなります。

(参照：P8 なめらかさが損なわれるのは？)

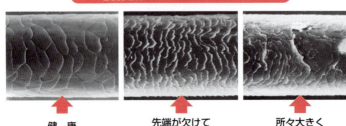

毛髪表面、キューティクルの傷み

健康 ／ 先端が欠けてはがれやすくなっている ／ 所々大きくはがれている

▶ 髪の内部の傷み：空洞増加

（参照：P10　しなやかさが損なわれるのは？）

内部成分が流出し、空洞が増える

　パーマ・ヘアカラー処理や太陽光（紫外線）を長時間繰り返し浴びると、髪の内部成分が壊されて、小さくなり、洗髪時に流出しやすくなります。

　キューティクルが傷んで枚数が少なくなっていると、より流出しやすくなります。

毛髪内のタンパク質が変性して、空洞が増える

　毛髪を100℃以上に加温することを繰り返すと、毛髪成分が凝集して空洞が増えます。アイロンは100℃以上の設定のものがほとんどですので傷みが進みやすくなります。

毛髪断面、空洞増加

 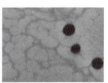 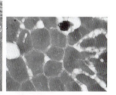

空洞の少ない毛髪　　　　　　　　　空洞の多い毛髪

▶ 高温による繊維構造の変化

　コルテックスの繊維構造が、160℃以上の加温の繰り返しで乱れ、200℃以上の加温の繰り返しで壊れます。アイロンの繰り返し使用により、弾力が低下して、形が決まりにくくなり、持ちが悪くなります。

（参照：P70　スタイリング時のダメージ）

▶ 枝毛、切れ毛

　毛髪が縦に（毛軸方向に）裂けたものを枝毛、横方向に切れたものを切れ毛といい、いずれもキューティクルが薄くなっている毛先で起こりやすい現象です。ヘアカラー、強いブリーチ、縮毛矯正、アイロン使用時に強く引っ張るなどを繰り返すと、切れ毛になることが多いようです。切れ毛や枝毛は白っぽく見えることがあります。

髪のお手入れ、基本の6箇条

傷みを進行させず、美しく健康な髪を維持するための基本6箇条です。

また、ヘアスタイル、ヘアカラーなどを上手に楽しむために、日常心がけるポイントを説明します。良い習慣は、エイジング対応にもつながります。

毎日の心がけ：摩擦ダメージを軽減する

髪は表面のキューティクルからダメージを受けて傷み、毛先ほど、髪が長いほど、傷みが進みます。

1 表面をなめらかな状態にし続けられる製品選び

こすれるときに毛髪表面にかかる力を弱め、きしみや絡まりを抑えてキューティクルの傷みを抑えます。また、毛流れを整えやすくなるので、とかす回数を減らせます。ヘアケア製品を選ぶ第一の指標にしましょう。

2 こすらず、引っ張らず、なるべく少ない回数で、ていねいにとかす

とかすとこすれるので、キューティクルが削れます。また絡まるなどして強く引っ張り元に戻らなくなると、強度が低下しうねりが増大します。

指通りが悪く気になるときほど指を通してしまいがちですが、日中の指通しも控えましょう。　　　　　　　　　　　　　（参照：P26　髪を傷めないとかし方）

3 濡れている、湿っている髪を、ていねいに扱う

髪が柔らかくなっているためより小さな力で傷みます。濡れているとき、乾かす途中のクシ・ブラシ通しは最小限に。タオルドライ時に毛先をこすらない。濡れたまま寝る、濡れている＋アイロン加熱は厳禁。アイロンで強く挟まない、引っ張らないことが大事です。　　（参照：P39　濡れている髪のお手入れ）

　　　　　　　　　　　　　　　　　（参照：P72　アイロン（コテ）の上手な使い方）

ダメージを抑え、適切なアフターケアで、
根元と毛先の傷みの差を少なくする

同じ部位に繰り返しダメージを受けるのを避け、アフターケアは第①〜③をよりいっそう心がける。これで傷みの進行を抑えられます。

ヘアカラー、パーマ
・同じ部位への繰り返し処理を最小限にします。ヘアカラーの場合は、新生部や白髪を中心に部分染めの頻度を高くしましょう。

(参照：P97　カラーリングのリタッチ)

・施術後は、手触りが悪くなったり、キューティクルがはがれやすくなっているので、なめらかさを維持できるヘアケア製品を選び直しましょう。

紫外線(太陽光)
・強い紫外線を直接・繰り返し浴びないように、帽子や日傘で太陽光を避けましょう。

・傷みはじめは、手触りが悪くなり、洗髪時にきしむので、シャンプーも塗布時〜すすぎまで、なめらかな製品を選びましょう。

・濡れているとメラニンの分解が進みやすいので、夏でも、きちんと乾かして外出しましょう。

(参照：P28　紫外線対策)

熱
アイロンやコテは、少なくとも160℃以下に設定し、髪がほぼ乾いた状態で使い、短時間で済ませましょう。強く挟んで引っ張る使い方は厳禁です。

(参照：P72　アイロン(コテ)の上手な使い方)

髪を傷めないとかし方

絡まりをほどく目的で、髪を手やクシ・ブラシでとく際に、根元から毛先まで一気に通すと、右図のように、毛先の手前で、大きな力がかかります。

絡まりやすいと、非常に大きな力がかかって、キューティクルが削れるだけでなく、コルテックス部分もダメージを受けます。これが繰り返されると、コルテックスが露出して裂けたり切れたりし、枝毛や切れ毛になるのです。絡まったり、きしんだりしたら、それはもう傷んでいるサインです。

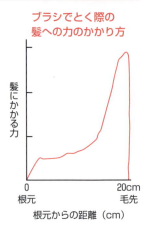

●きしんだり絡まったりしたら、毛先からていねいにほどく

髪をとかす際に、引っかかったら、そのまま通しきらずに、いったん抜いて、毛先から少しずつ順にやさしくもつれをとくと、大きな力がかかりません。

ほどけにくいときは、洗い流さないトリートメントやウォーター系のスタイリング剤で表面をなめらかにしてから行いましょう。

●髪のすべりを良くしておくと、きしみや絡まりを防げる

洗髪時に絡まりやすかったら、シャンプー・コンディショナー・トリートメントを、髪のすべりをより良くするものに変え、乾かしはじめに、すべりが悪かったら、洗い流さないトリートメントなどを薄く塗布しましょう。

●髪の傷みを抑えるには、とかす回数は少ない方がいい

キューティクルを守るためには、とかす、指を通すことをなるべく少なくすることが有効です。特に濡れているときには最小限にする意識が必要です。

特に髪が長い人は、絡まりが気になるからだけでなく、髪に指を通すしぐさがくせになっている場合もありますね。美しい髪を保つためには、これも最低限に。

コラム　　　　　ブラッシング

皮脂を髪に移し、髪に広げる役割だった

　ブラッシングやくし通しは、まだ洗髪頻度の低かった数十年前まで、頭皮上の皮脂などを髪に移して頭皮のトラブル（かゆみや刺激）を防ぐ役割が大きかったと考えられます。また、物理的刺激でかゆみを緩和し、血行を良くするイメージもあったと思われます。

　髪油などの油脂を髪に行きわたらせて毛流れを整えまとめていたので、皮脂類もそれらになじませて使っていました。1日100回以上のブラッシングでつやが出るなどといわれていたのは、こうしたお手入れの名残りと考えられます。

　　　　　　　　　　　　　　（参照：P30　頭皮ケアって？）

目的を持ったブラシづかいを

　洗髪頻度が1〜2日に1回になった日本では、頭皮への刺激やニオイ、べたつきの主原因となる皮脂とその変質物は洗い流されるため、髪に移す必要はなくなっています。またヘアカラーをしている場合には、髪の傷みを抑えるためには、繰り返しブラシを通す行為はむしろ避けた方が良い状況になっています。

　　　　　　　　　　　（参照：P50　日本の毛髪・頭皮ケアの歴史）

現在の効果的なブラッシング

◆日中の乱れを整える

　　ブラシの面で表面がばらつかないようにしてブラシの歯で毛流れを整えます。絡まる場合は、髪をなめらかにする効果があり、セット力が弱〜中くらいのヘアスプレーを少量軽く塗布してから行うと、整いやすい。

◆洗髪頻度が低い場合のお手入れ

　　生え際からつむじや頭頂部に向かって頭皮全体をとかしたのち、ヘアスタイルを整えます。

　　皮脂を髪に移して、変質を抑え、トラブルを軽減したり、自然に抜けた毛を取り除き、髪の流れを整えます。ペタンとしがちなヘアスタイルをふわっと整える効果も。

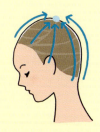

◆ブラシ選び

　　毛の先が丸くなっていたり、ブラシ面がクッションになっていて頭皮へ無理な力がかからず、傷つけにくいもの、ブラシの歯が細くてすべりが良く、絡まりにくいものが髪を傷めにくくおススメです。

紫外線対策

▶ キューティクルを守る

　強い太陽光を長時間浴びるとキューティクル表面の脂質（MEA）が損なわれ、タンパク質もダメージを受けて、キューティクルどうしの結びつきが弱くなり、浮き上がりやすくなります。その

紫外線を浴びていない髪

紫外線を浴びた髪

ため、ガサガサと手触りが悪くなり、キューティクルが削れたりはがれたりしやすくなります。

　シャンプーとスタイリングを繰り返す頻度が高い季節には、キューティクルがより傷みやすい環境にさらされています。

　キューティクルの傷みが進まないように、髪をなめらかな状態でお手入れできるよう、シャンプー、コンディショナー、トリートメントなどのヘアケア製品を選んで使いましょう。特に、シャンプー時はきしんで傷みやすいので、シャンプー製品選びに気を使いましょう。

▶ メラニンなどの分解、流出を抑える

　太陽光は、毛髪のタンパク質にダメージを与える以外に、メラニン色素を分解する作用があります。その作用は水があると促進されます。海水浴では、濡れている状態で強い日差しを長時間浴びてタンパク質やメラニンが分解されたうえ、ただちに海水に流れ出やすいため、髪表面や毛先が色抜けし、表面だけでなく内部も傷みやすいのです。

　普段でもなるべくきちんと乾かして、帽子や日傘で太陽光を避けましょう。

　白茶けたと感じたら、毛髪内部が傷み、空洞が増えていると考えられますから、内部補修効果の高いトリートメントやコンディショナーを試してみましょう。

静電気対策

▶ 静電気が起こると髪どうしが反発して扱いにくくなる

髪は、乾燥した環境でこすれ合うと、表面が帯電し、そのまま電荷が動かない状態になります。これが静電気です。静電気が起きると、髪がお互いに反発して離れようとして、トラブルにつながります。

・髪をとかそうとすると、指やブラシの通りが悪く、無理な力がかかりやすい状態になります。
・毛流れを整えようとしても、あちこちに向いて、短い毛がツンツン立ち上がったり、表面や毛先が広がったりしたまま、まとまりません。

▶ 静電気対策

湿った状態からしっかり乾かす

毛流れがバラバラになっていると静電気も起こりやすいので、全体がまだ湿っているうちに、髪の根元や内側から毛先に向かって髪の流れをそろえるように乾かしましょう。　　　　　　　　（参照：P64　髪の乾かし方）

あらかじめこすれ合う力を弱めておく

・コンディショナー・トリートメントは、表面の摩擦を減少させ、静電気を防ぎます。髪全体に薄くまんべんなく行き渡らせましょう。
・乾いた状態では、ヘアケア剤で髪の表面をなめらかにして摩擦を抑えてから、ブラシや指を通すようにします。

静電気が起こってしまったら

・静電気が起こっておさまりにくい場合、プラスイオンを持つカチオン性界面活性剤（表示名例：…トリモニウムクロリドなど）を含むアウトバス製品（ウォーター、ミストなど）を塗布すると、おさまりやすくなります。

頭皮ケアって？

毛髪におおわれている状態の肌が、健康な状態を保つようにお手入れすることが最も大切です。

生まれ変わるしくみは、他の部位の皮膚と同じ

表皮の一番下の基底層で新しい細胞がつくられ、この細胞が形を変えながら徐々に表面に押し上げられ、約2～4週間で角層細胞となり、さらに約2週間で角片（目に見えないアカ）となって自然にはがれます。頭皮は約4～6週間で、新しく生まれ変わっているのです。

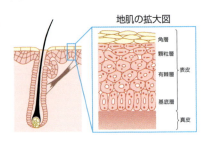

地肌の拡大図

▶ 頭皮の特徴

皮脂腺・汗腺が多く、分泌量が多い

皮脂腺は全身で最も多く、顔のTゾーンの倍以上、汗腺は手のひらや足の裏に次いで多くあります。

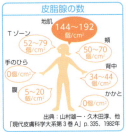

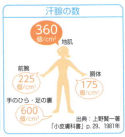

皮脂や汗が変質して、かゆみやニオイの原因に

皮脂中のトリグリセロール（TAG）や汗の成分が頭皮上で常在菌や酸化によって脂肪酸などに分解され、かゆみやニオイの原因物質になります。

皮脂は頭皮を乾燥などから守る働きがあり、脂肪酸は皮膚表面を弱酸性に保ち病原菌（黄色ぶどう球菌など）の繁殖を抑える働きもあります。

頭皮は、温度が高く、常在菌がいて、皮脂の変質が進みやすいため、皮脂を頭皮上に放置すると、微弱炎症（赤味）や不快なニオイを起こしやすいのです。

皮脂類は、髪に移行してべたつきの原因になる

頭皮に分泌された皮脂とその変質物は、頭皮に広がった後、髪に移行して、べたつきの原因になります。

右のグラフは、頭皮と毛髪の皮脂量が洗髪後どのように増加するか示したものです。皮脂は、洗髪後およそ1日で頭皮に広がり、その後毛髪に移行していることがわかります。

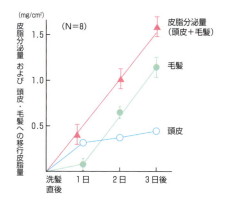

広がる速さは、皮脂の分泌量や気温などの環境によって変わります。

▶ 頭皮のトラブルを防ぐには

洗髪し、皮脂を頭皮上に長時間放置しない

皮脂を長時間頭皮上に放置すると、菌や酸化により分解されてできた脂肪酸などが、頭皮への刺激やニオイの原因になります。

トラブルの原因である脂肪酸や、その元となる皮脂を洗髪して取り除くのが、頭皮への刺激やニオイ、髪のべたつきを防ぐ最も効果的な方法といっていいでしょう。

毛髪が密集している上に、皮脂類は油性で頭皮上で固体のものもあるため、水（湯）だけではなかなか取り除きにくいのです。

シャンプーを頭皮にまんべんなく行き渡らせ、洗い流すのが最も有効です。

皮膚の状態を正常に整える

角層の構造が整い、生まれ変わりの周期（ターンオーバー）も正常なら、外的刺激の影響を受けにくい状態を保てます。

汗を拭き取る

汗をかくと菌が増殖して、頭皮への刺激となる脂肪酸の生成が進み、炎症（赤味）、かゆみ、ニオイの原因になります。

頭皮のトラブル

▶ かゆみ

皮膚表面の菌や酸化によって変質した脂肪酸が、頭皮への刺激となって、紅斑（赤味、微弱炎症）が起こります。**紅斑**は、自覚症状がなくすぐに回復する微弱なもので、これがかゆみを伴う場合があります。

紅斑は、実態調査で最も多く観察されています。

▶ フケ

角層がまとめてはがれ落ち、目に見える状態になったもの。表皮が荒れて生まれ変わりの周期（ターンオーバー）が早くなって起こります。

油っぽいフケは、皮脂の分泌異常（脂漏性皮膚炎）や、洗髪頻度が低い場合に、皮脂と混ざることで見られます。

▶ かさつき

表皮が荒れて生まれ変わりの周期（ターンオーバー）が早くなると、セラミドが十分に産生されず、角層の構造が粗くなって、水分保持能が低下し、外気の影響を受けやすくなって起こります。

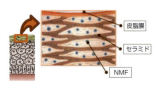

セラミド・NMF：保湿成分
角層の構造

さまざまな頭皮のトラブル

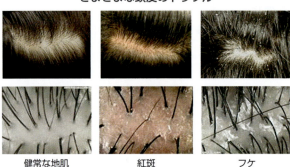

健常な地肌　　　紅斑　　　フケ

▶ ニオイ

頭皮上の皮脂や汗が変化して発生します

　頭皮上の皮脂や汗のアミノ酸を、皮膚常在菌が分解して生成する低級脂肪酸が、酸っぱいニオイの原因です。また、分解された皮脂が酸化して脂っぽいニオイになります（中鎖脂肪酸、アルデヒド、ラクトン類）。

　頭皮の皮脂や汗が直接ニオイの原因ではありません。

　髪の毛は、外部のニオイ（タバコ、食べ物）を吸着しやすい性質があります。

▶ 髪のべたつき

皮脂類は、髪に移行してべたつきの原因になる

　毛髪の根元に皮脂がたまって見えるのは、髪に移行しようとしている皮脂です。

（参照：P31）

▶ 頭皮トラブルは夏よりも冬の方が多い

頭皮上に残る皮脂が、夏よりも冬の方が多いことが原因

　頭皮に残っている皮脂量は、春、冬、秋、夏の順に多いことがわかりました。

　皮脂は、温度が高いと粘度が低いため、分泌しやすく髪に移行しやすいのです。それで気温が高いと頭皮に残りにくいと考えられます。冬は、気温が低く皮脂が頭皮に残る量が多く表皮が荒れやすいことに加え、乾燥という外部刺激が加わってフケやかさつきが増えると考えられます。

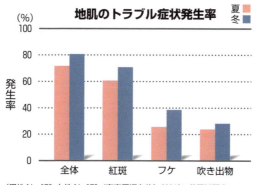

（男性 N＝172 女性 N＝173／東京周辺在住）2004年 花王㈱調査

髪と地肌のための上手な洗髪方法

ポイント

頭皮上の皮脂を洗い流すのが主目的。シャンプーを頭皮に行き渡らせて洗浄成分で汚れをキャッチし、きちんとすすぎましょう。
髪を傷めないように扱いましょう。

1．髪のもつれをとく

手グシあるいは目の粗いブラシやクシでもつれをときます。濡れたときの絡まりを防ぎ、予洗いしやすくなります。

＊固まるタイプのスタイリング剤が髪にたくさん残っているときは、髪を濡らすときにスタイリング剤をすすぎ落としながらもつれをときます。

2．髪と頭皮を十分に濡らす、予洗いする

シャンプーの泡立ちを良くするためにしっかり行います。

3．洗う：泡を頭皮全体に行き渡らせる

①シャンプーを手のひらに取って、軽く広げるようにしてから、頭皮の洗い残しがちな部分（耳上や後頭部の内側）に塗布します。

②泡が頭皮全体に行き渡るよう、指の腹を少しずつ動かしながらマッサージするように広げます。髪にも泡が行き渡るようにします。

* シャンプーの役割

洗浄成分の役割

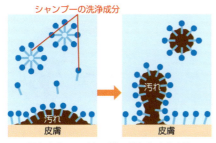

汚れをキャッチして洗い流しやすくする

泡の役割

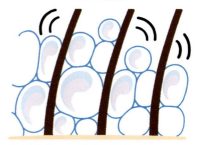

・髪の間を通って、地肌に広がりやすい
・なめらかな泡で髪どうしがこすれ合うのを防ぐ

* 洗髪時の湯温は38℃〜40℃が目安

頭皮のニオイやかゆみ、髪のべたつきの原因となる油性成分は室温で固体のものもあります。融点の最も高いものは液状になるのが40℃弱。30℃付近ではシャンプーが泡立ちにくく、固体の皮脂がより多いため、洗いにくく、洗い残しやすくなります。

* 洗い残し、すすぎ残しがちな部分

・耳の後ろ〜襟足、生え際
・耳の上あたりの頭回り（女性）の頭皮
（女性の場合。髪が最も重なり合っている部分）

* 爪を長く伸ばしているなど、指先が地肌に十分届かないときには、地肌洗浄ブラシを使うと、シャンプーを地肌全体に届けやすく便利です。

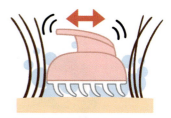

左右に小刻みに動かしながら、
シャンプーを地肌に行き渡らせます。

* 泡立ちが悪いときには、いったんすすいで再びシャンプーをつけて、地肌にしっかり行き渡らせます。泡が十分立つ場合は2度洗いは必要ありません。泡立つということが、洗浄力が残っているという目安になります。

4．頭皮や髪にヌルつきが残らないよう、十分にすすぐ

　汚れをキャッチしたシャンプーが残らないように、指で触れながら頭皮や髪にヌルつきがなくなるまで、ていねいにすすぎます。

＊かゆみがあるのは、
　　シャンプーが行き渡っていないか、
　　すすぎが十分でないか
のどちらかです。すすぐタイミングでチェックしましょう。

・・

5．コンディショナー／トリートメント

　軽く水気を取ってから、毛先から髪全体になじませ、手グシで毛流れを整えながら行き渡らせます。指の腹で、頭皮からすすぎ始め、髪は指を通しながら十分にすすぎます。

＊十分にすすぐことにより、毛髪をなめらかにする成分を薄くまんべんなく行き渡らせ、なめらかな仕上がりにします。

・・

6．タオルドライ

①タオルで髪を包みこむようにやさしくたたき、水気を取ります。
②タオルをかぶり、指の腹で頭皮の水分をふき取ります。
　濡れている髪を整えるときは、目の粗いブラシやクシを使います。

* 洗髪時のエコ・節水方法

・シャワーを使っていないときは、こまめに止めましょう。

・シャンプーが行き渡ったら、シャワーで髪に軽く水を含ませて、シャワーを止め、髪を絞るようにして泡を落とします。その後、頭皮や髪のヌルつきがなくなるまで、よくすすぎます。こうすると、使用水量が少なくてすみ、エコになります。

* すすぎのヒント

　同じ体勢ですすいでいると、どうしてもすすぎにくい部分があります。すすいでいるときに、少しだけ首を傾けると後頭部や耳の後ろがすすぎやすくなります。

下向きすすぎ
首を少し回す

上向きすすぎ
首を少し傾ける

* コンディショナー／トリートメントの使い方ヒント

・傷んだ毛先中心に塗布して、地肌につけない、根元につけすぎないように。すすぎ時に行き渡るくらいで十分です。地肌につけるとべたついたり、根元が乾きにくかったり、立ち上がりにくかったり、ヘアスタイルが決まりにくい原因にもなります。

・放置時間は、ボトルなどに書かれている使い方を参考にしてください。

7．乾かす （詳細参照：P64　髪の乾かし方）

根元から始めて、髪全体を毛先までしっかり、さらさらになるまで乾かす

①根元を乾かす

　根元に空気やドライヤーの風を入れるために、指の腹を頭皮につけた状態でしゃかしゃか動かし、髪が頭皮から離れ、髪どうしがばらけて、さらさらになるまで乾かします。

　分け目を気にせず、すべての根元を地肌から起こして乾かします。

②毛流れを整えながら、毛先まで乾かす

　ドライヤーの風が根元から毛先に向かうようにし、根元から毛先に向かって毛流れをざっくりそろえながら、さらさらになるまで乾かします。

　根元から毛先に向かって指を通し、乾かし残しがないか、確認しましょう。

③乾かし残しがないか確認しつつ、ドライヤーの温風を当てながら整え、さらに冷風で髪を室温にします。

濡れている髪のお手入れ

　濡れている髪は、より小さな力でキューティクルがはがれたり、内部の構造がこわれて髪が伸びてしまったりということが起こりやすい状態です。注意するポイントをチェックしましょう。

●シャンプー〜乾燥しているとき、引っかかった場合に、無理に手グシやクシを通さない。
　　　　　（参照：P26　髪を傷めないとかし方）

●手グシや、クシ・ブラシを使い、引っ張りすぎない。
　　　　　（参照：P26　髪を傷めないとかし方）

●すべりの良い製品を使って、きしんだり、絡まないようにします。
　シャンプーのすすぎ時、乾燥している途中、ヘアカラーやパーマ後、などを目安にします。

●タオルドライ時に髪をこすらない（P36参照）。

●ドライヤー乾燥時に、繰り返しブラシを通さない、こすらない、引っ張りすぎない。ブラシは、乾き際に髪の流れをそろえる目的で使います。

●濡れたまま寝ない。寝ぐせと、ダメージの原因に。

●濡れている髪を強く引っ張って束ねない。

洗髪の実態

　洗髪を毎日の習慣としている人が多くなりましたが、その目的や頭皮の環境を理解せずに行っている人が意外に多いという実態がわかりました。
　洗髪は、頭皮への刺激となる皮脂が変質した脂肪酸などを頭皮に長時間残さないようにすることが第一です。それでも、フケ・かゆみ（紅斑）などの頭皮トラブルが多い（参照：P32）のは、部分的に洗い残すことが多いからと考えられます。

▶ 頭皮を洗う意識が低い

　毎日洗髪していれば、それなりに汚れは取り除かれます。しかし、頭皮を洗う意識がなければ洗い残しも起こります。実態観察でも、髪の表面からなで洗い、なですすぎをするケースが、特に若い世代に多く見られました。頭皮を洗う意識は全体的に高いとはいえないのですが、特に10〜20代が低い傾向です。
　若いと活動量が多く汗の量も多いので、皮脂などが汗とともに髪に移行しやすく、なで洗いでもかなり取り除かれやすいかもしれません。しかし、ニオイや髪がべたつく悩み相談は、若い世代で多く見られ、ニオイやべたつきの原因が十分知られていないために、頭皮上の脂肪酸などを洗い流しきれていない状態が発生していると想像されます。
　さらに、髪が長い場合は、後頭部は髪の重なりが多く、頭皮に指で触れるには、意識や工夫が必要です。

　　　　　　　　（参照：P34　髪と地肌のための上手な洗髪方法）

▶ すすぎ足りない

　シャンプーを頭皮に行き渡らせる際には、指を使って頭皮に触れていても、すすぐ際には頭皮を触っていないという人は多いのではないでしょうか。
　洗浄成分でせっかくキャッチした頭皮上の油性成分も、しっかりすすがないと残ってしまいます。よく、シャンプーが肌に悪いからしっかりすすぎましょうといわれますが、実は肌トラブルの元になる脂肪酸などを残さないようにすることが大切です。
　実態観察でも、シャンプーを行き渡らせる

なで洗い、なですすぎでは不十分。

時間よりもすすぐ時間の方が短い人が多い傾向です。

　髪の重なりの多い部分や、耳の後ろや外耳もきちんと触れてすすぎましょう。特に髪が長い場合には、後頭部の頭皮に指が届くように洗ったりすすいだりするには、工夫が必要です。

（参照：P34　髪と地肌のための上手な洗髪方法）

洗髪の方法を教わる機会は少ない

　手洗いや歯磨きは、学校でも、衛生という目的や方法を実習で教わる機会があります。しかし洗髪は、習慣として家庭で教わり、その後は自己学習や、美容室施術を真似て試してみるしかありません。

　古くから髪を洗う意識が高かったので「洗髪」といわれますが、かゆみやニオイ、フケやべたつきを抑えるには頭皮を洗うことを主目的とした方がいいことがわかってきています。　　　　　　　（参照：P50　日本の毛髪・頭皮ケアの歴史）

　頭皮が顔などの他の皮膚と大きく違うことは、皮脂や汗の分泌量が多く、髪の毛があって洗いにくいということです。しかも毛髪はなるべく傷めないようにしたいのです。頭皮は乾燥しやすい性質ですが、皮脂や髪などに守られているため、保湿のお手入れは必須ではありません。

コラム　　　　　　　米国の洗髪事情

　米国では、髪が細いためにロールブラシやアイロンでボリュームアップするスタイリングが行われていて、これはかなり傷むリスクが高いと考えられます。

　近年こうしたスタイリング時の毛髪のダメージ意識から、洗髪やスタイリングの頻度を下げ、洗髪しない場合はドライシャンプーを使用するという動きがあるようです。ドライシャンプーは髪に残ってボリュームアップしやすいというスタイリング効果が人気で、ラインアップするシャンプーブランドが増えています。

　また、くせの強いアフリカン・アメリカンが、髪が絡まらずに洗いやすい製品として、クレンジングコンディショナーも使われるようになってきました。

　日本人の場合、若い世代はボリュームを抑えたいですし、ドライシャンプーの使い心地は嗜好されないため米国とは実情は異なりますが、シャンプー製品が髪や地肌に良くないというロジックで、洗髪頻度を下げたり、シャンプーを使わない洗髪を推奨する情報だけが輸入されました。クレンジングコンディショナーをシャンプー代わりに使うことを推奨をしている例も見られます。

ヘアケア製品

シャンプー

シャンプー発売以前（明治時代まで）は、皮脂や髪油といった油分の汚れをよく落とす粘土や火山灰、また洗い上がりの感触を良くするために、ふのり・卵白などが使われました。

大正から昭和初期にかけて、髪洗い粉（白土・粉石けん・炭酸ソーダなどを配合したもの）が出回りました。

昭和初期（1930年代）に、安定した性能と品質の固形石けんタイプが発売され、1955年粉末シャンプー、1960年液体シャンプーが発売され普及しました。　　　　　　　　　（参照：P50　日本の毛髪・頭皮ケアの歴史）

皮脂や脂肪酸などの油性成分を頭皮から洗い流しやすい機能、毛髪を傷めにくい感触の両立が、他の部位の洗浄成分やケア剤との違いとして求められ、開発が進みました。

シャンプーの役割と必要な性質

◆洗浄

水だけでは取り除きにくい油性の皮脂や脂肪酸などをとらえ、水で洗い流しやすくする役割です。

◆洗いやすくすすぎやすい

髪と髪の間に入りやすく、頭皮に届いて行き渡り、すすぎやすい液や泡の性質。行き渡らせすすぐときのなめらかさも条件の1つ。

◆毛髪の傷みを抑える

・なめらかに洗いすすげて、髪がこすれたり絡んだりしにくいこと。
・泡立ちやすいと泡が毛髪どうしのクッションとなり、こすれ合うのを緩和する。

洗浄力を損なわずに、すすぎ時にコンディショニング効果を発揮する技術として、アニオン性界面活性剤とカチオン性高分子の複合体を利用するコアセルベーションという技術が使われています（下図）。

コアセルベーション技術のしくみ

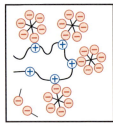
シャンプー液

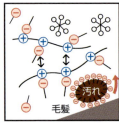
シャンプー時

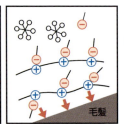
すすぎ時

アニオン性界面活性剤
カチオン性高分子

◆皮膚への刺激性が低い：

・洗浄力と刺激性

　洗浄力が強いと頭皮への刺激が強いといわれることがありますが、必ずしもそうとはいえません。

・pH

　毛髪・皮膚のタンパク質構造は、ともに弱酸性のときに最も安定していて、荒れや過度な膨潤が抑えられます。アルカリ性で施術するヘアカラーやパーマの後に、毛髪の成分が流れ出ることを抑えられます。

　中性域以下で機能する界面活性剤が開発され、2001年以降、洗いやすさやすすぎやすさなどの使用感がうまく調整されるようになり、現在は中性～弱酸性が主流です。

　近年、酸性シャンプーを使うと、角層の構造を整えてバリア能を改善する効果があり、また頭皮の常在ぶどう球菌の増殖を抑える効果が報告されています。

石けんは弱アルカリ性で洗浄機能を発揮します。髪や肌が膨潤しやすく傷みやすかったり、石けんカス（スカム）が髪に残ってきしんだり、部分的に油っぽさが残ったりします。

シャンプーの構成

　シャンプーの主な成分は、洗浄成分とコンディショニング成分です。

　洗浄や泡立ちの主要な役割には、水と油性成分の両方になじみやすい構造を持つ界面活性剤（参照：P44）が用いられます。濡れている毛髪に吸着しにくく洗い流しやすいアニオン性界面活性剤が多く用いられています。洗浄力や起泡性などの特徴を活かし、複数の成分を組み合わせて調整されています。

　コンディショニング成分としては、カチオン性高分子やシリコーンなどの油性成分（参照：P48）が使われています。カチオン性高分子は、セルロースやグアーガムなどを原料としたものが多く使われ、すすぎ時にコンディショニング効果を発揮するコアセルベーションの要素になっています。

（参照：左ページ図）

▶ シャンプーの洗浄成分／界面活性剤の代表例

ポリオキシエチレンアルキルエーテル硫酸塩

（ラウレス硫酸塩、サルフェート、高級アルコール系、ES、AES などとも呼ばれています）

　最も汎用なアニオン性界面活性剤。

　皮脂の洗浄力、泡立ち、泡のなめらかさが、アミノ酸系、ベタイン系、石けん系の中で最も優れています。

　皮膚刺激性、アミノ酸溶出量は、石けん系よりも少なく、アミノ酸系と同程度で刺激性が低い。

　以前、アルキル硫酸塩（AS）が盛んに使われていましたが、ポリオキシエチレン基を導入することで、皮膚刺激性が低減されました。

アミノ酸系 （N-アシルタウリン塩、アシル化グルタミン酸塩など）

　皮脂の洗浄力、泡立ち、泡のなめらかさの点で不十分なため、単独で主洗浄成分としては使われないものが多い。

　皮膚刺激性は、上記と同程度で低い。眼粘膜刺激性が特に低いアシル化グルタミン酸塩が、敏感肌用製品に採用されている例が多い。

ベタイン系 （アルキルプロピルベタイン系、スルホベタイン系など）

　単独では洗浄力、泡立ちとも良くなく、起泡助剤として使われています。

石けん （脂肪酸ナトリウム／カリウム）

　石けんも界面活性剤の1つ。

　洗浄力、泡立ちおよび泡の安定性、泡のすべりに優れているため身体洗浄剤に使用されています。ただし、低温では洗浄力が低下し、また洗浄力を発揮するのはアルカリ性です。

　水中の金属と脂肪酸塩（スカム）を形成し、油っぽくギシギシした感触が残り、蓄積すると酸性のシャンプーやリンスでないと洗い落とせません。皮膚刺激性、アミノ酸溶出量の点で、ES やアミノ酸系より劣ります。

　また、弱アルカリ性で使われるため、毛髪が膨潤しやすく、カラーリング毛には、色持ちの点でも劣ります。

塩
　広義に酸由来のアニオンと塩基由来のカチオンとがイオン結合した化合物のこと。たとえば、
・塩酸（HCl）は酸で、塩化ナトリウム（NaCl）は塩。
・硫酸（H_2SO_4）は酸で、ラウレス硫酸塩は塩。
塩は強酸である塩酸や硫酸とは異なる性質を持っています。

硫酸エステル塩（AS、AES など）
　高級アルコールを硫酸化して得られるアルキル硫酸エステル塩（AS）は、溶解性や洗浄性が石けんより優れ、硬水に対しても使用できるため、家庭用や工業用の各種洗浄剤として広く使用されています。高級アルコールに酸化エチレン（エチレンオキシド）を付加して硫酸化したポリオキシエチレンアルキル硫酸エステル塩（AES）は、AS に比べ、水溶性や他の成分との相溶性が向上、また皮膚や眼に対する刺激が低いことから液体洗浄剤（シャンプー、台所洗剤など）の基剤として多く使用されています。　　　　　　　　　　　　　　（日本界面活性剤工業会 HP より）

界面活性剤の原料

　界面活性剤の原料は石油や牛脂などもありますが、化粧品に使われる界面活性剤の原料は、一般的に当初から、ヤシ油、パーム油などの植物由来の油脂が使われています。

▶ リンス・コンディショナー・トリートメント

● リンス・コンディショナー

髪の表面のすべりを良くし、静電気を抑えるものとして生まれました。

濡れている状態で負に帯電している髪の表面に吸着しやすい、陽イオン（カチオン性）界面活性剤と高級アルコールを基本の骨格とし、シリコーンやエステル油などの油剤などで感触の特徴を出すように構成されています。

最近は、髪の内部に浸透し、髪の傷みを補修するトリートメント機能を併せ持つタイプもあります。

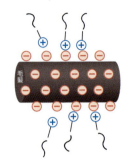

リンスという名称の由来／石けんシャンプーのスカム除去

水に含まれるカルシウムやマグネシウムなどの金属イオンと石けんが反応して石けんカス（スカム）をつくります。スカムは水に溶けにくく、髪に付着すると、ギシギシするうえ、脂っぽさが残ります。

シャンプーの洗浄成分が石けんだったころ、スカムを除去するためにレモン汁や酢といった酸性の水溶液で髪をすすぐことが行われていました。

リンスという名称の由来は、スカム除去のためのすすぎ液からきていると考えられます。したがって、古いブランドではリンスという名称が残っていますが、今ではほとんどがコンディショナーになっています。

● トリートメント

髪の内部に成分を浸透させて、状態を整えるもの。髪の傷みをケア・補修したり、髪の質感をコントロールしたりします。家庭向けのヘアトリートメントは、リンス・コンディショナーの機能を併せ持つものがほとんどで、カチオン性界面活性剤と高級アルコールを基本の骨格とし、補修したり質感をコントロールしたりする成分を含みます。ヘアパックやヘアマスクも、ヘアトリートメントの一種で、より効果が高い位置づけのものが多いようです。

コンディショナー・トリートメントの使い分け

　トリートメントの補修・保護機能は、コンディショナーより高く設定されている場合が多く、コンディショナーとトリートメントの違いは、効果の程度の違いと理解してもよいでしょう。

　髪が傷んでいると感じた場合には、トリートメント類の使用頻度を上げるなど、髪の状態によって使い分けるのが一般的です。普段はコンディショナーを使い、必要に応じてトリートメントを加えるという方法をすすめる場合もあります。

　髪内部への成分の浸透作用がある製品は、塗布したあと、すすぐまでの間に髪になじませる時間をとることで、効果が高まる場合もあります。

　＊コンディショナー・トリートメントの定義やおすすめの使用方法は、製品に表示されている使用方法を確かめてください。メーカー間で統一されているわけではありません。

▶ 頭皮のトラブルに対応する成分

　シャンプーやリンス・コンディショナーに配合されています。

消炎剤（グリチルレチン酸ジカリウムなど）
　炎症を鎮め、フケ・かゆみを防ぐ効果のある有効成分。配合されている製品は医薬部外品。

保湿剤（有機酸、センブリエキス、ユーカリエキスなど）
　適度なうるおいを補給して乾燥刺激を防ぎ、頭皮の生まれ変わりのリズムを整える助けになる。フケやかさつきの症状がある場合に有効。

抗菌剤（ジンクピリチオン、オクトピロックスなど）
　皮脂を分解する菌の増殖を抑えることにより、皮脂の分解物の生成を抑え、炎症（赤味）やニオイを防ぎます。

▶ コンディショニング成分

主に使われているのは油性成分で、毛髪の手触り感を調整する目的で使われます。

油脂

高級脂肪酸とグリセリンからなるエステルを主成分とするもの。トリグリセリド類と呼ばれています。

動植物由来の天然油脂を脱色、脱臭などの精製をして使用されています。日本では古くからツバキ油が使われてきました。

ヒマシ油、ヤシ油、パーム油、オリーブ油など。洗浄成分の原料となるものもあります。

$$CH_2-O-CO-R$$
$$CH-O-CO-R'$$
$$CH_2-O-CO-R''$$

R, R′, R″：炭化水素基

椿油

ツバキ科ツバキ属のヤブツバキの種子から採取される植物性油脂。高級脂肪酸オレイル基を比較的多く含みます。

炭化水素

炭素と水素のみからなる化合物。化粧品原料として用いられるのは、炭素原子数15以上の流動パラフィンや、スクワラン、ワセリンなど。

高級脂肪酸

天然の油脂およびロウの構成成分。化粧品に使用されるのは、炭素数炭素原子数12以上の飽和脂肪酸（ステアリン酸やラウリン酸）およびオレイン酸など。石けん（脂肪酸塩）、種々のエステル類（ロウなど）の原料にもなっています。低級脂肪酸や高度不飽和脂肪酸は刺激性や臭気があり、変敗しやすいなどの欠点があるため使用されにくい。

$$R-CO-OH$$

R：炭化水素基

MEA（18-メチルエイコサン酸）

毛髪生来の表面をおおう脂質。表面を疎水的かつ低摩擦に保ち、適度な髪のまとまりにも寄与しています。しかし、日々のお手入れや紫外線・化学処理などで失われやすく、また、コンディショニング成分として頭髪製品に単純に配合しても毛髪への吸着持続性が低い。

（参照：P8　なめらかさが損なわれるのは？）

高級アルコール

化粧品に多く使用されるのは、炭素原子数12以上の一価アルコール。ステアリルアルコール、セチルアルコールなど。

$$R-OH$$

R：炭化水素基

エステル類

脂肪酸とアルコールとから得られる化合物。

常温で固体のものはロウで、天然のミツロウ、キャンデリラロウ、カルナルバロウなどがあります。

常温で液体からペースト状のエステル油としては、パルミチン酸イソプロピル、乳酸ミリスチル、ステアリン酸2-エチルヘキシルなどがあります。

$$R-CO-OR'$$
R, R′：炭化水素基

シリコーン類

20世紀に開発された原料。ケイ石（SiO_2）を原料に、ケイ素（Si）と酸素（O）からできているシロキサン結合（$-Si-O-Si-$）を骨格とし、有機基が結びついた構造。

シロキサン結合は、CC結合やCO結合より結合が強く、耐熱性、耐候性、化学的安定性、電気絶縁性に優れ、らせん構造により柔軟性に富んでいます。化学的に安定で生理活性が低いため、生体への毒性が低く、医療機器や哺乳瓶などにも使われています。

分子量の違いや側鎖の種類により、多様な種類があります。低分子で揮発性のものは伸びが良く、べたつかない肌触りを実現するための分散剤として、また高重合度のものは潤滑性に優れています。

・ジメチルポリシロキサン（ジメチコーン）

末端基がすべて水になじみにくいメチル基（CH_3）であるため、撥水性・離型性があり、温度依存性が小さく、潤滑油として理想的な性質を持っています。粘度が数十〜100万csまで、幅広くヘアケア製品に使われています。

$$CH_3-\underset{\underset{CH_3}{|}}{\overset{\overset{CH_3}{|}}{Si}}-O\left[\underset{\underset{CH_3}{|}}{\overset{\overset{CH_3}{|}}{Si}}-O\right]_n\underset{\underset{CH_3}{|}}{\overset{\overset{CH_3}{|}}{Si}}-CH_3$$

・アミノ変性シリコーン

ジメチルポリシロキサンのメチル基の一部をアミノアルキル基に置換えた構造を持つ。毛髪や繊維への吸着性が高い。

・ポリエーテル変性

親水性のポリオキシアルキレンを導入し、水溶液系への相溶性を向上したもの。表面張力が低いことを利用して、泡質調整剤としても使われています。　　　　（参照：P55　Q&A シリコーンは髪や肌に良くないの？）

日本の毛髪・頭皮ケアの歴史

▶ 髪をとかす頭皮ケアから、洗う頭皮ケアへ

　長い間（平安〜昭和初期）、頭皮のかゆみや不快感を取り除く手段として、髪をとかす方法が主で、洗髪は、髪油などを髪から洗い流すために、ときどき行われるものでした。

　髪をとかすと、頭皮の皮脂を髪に移行させて、かゆみの原因となる皮脂の変質物を減らすことができます。また頭皮上に比べてニオイの原因物質が発生するのを抑えられます。ただし、ニオイを完全に抑えることはできないため、ニオイ対策にお香を使っていたという記述も多く見られます。

　髪に移行させた皮脂を利用して髪をとかし、束ねていました。クシ通りやまとまりを良くするために、さらに椿油などの髪油が使われたり、髷を結うために固形の油が使われたりしました。

　洗髪頻度が高くなり始めたのは、銭湯が普及した昭和30年代（1955年〜）です。銭湯の普及に続いて、家風呂の普及、家庭へのシャワーの普及に伴って高くなり、1990年代半ばに、20代女性はほぼ毎日洗髪するようになりました。

　なにより、洗髪すると、かゆみやフケがなくなり、不快なニオイを防ぐ効果が高かったからこそ、短期間で洗髪頻度が高くなったと考えられます。

　　洗髪頻度
　　　　平安時代　　　　年１回ほど
　　　　江戸時代　　　　月１〜２回（最も高頻度な江戸の女性で）
　　　　昭和戦後　　　　月１〜２回
　　　　昭和30年頃　　　１回／５日
　　　　1980年代　　　　２〜３回／週
　　　　1990年代半ば　　ほぼ毎日（20代女性）
　　　　2000年代　　　　　〃　　（〜50代女性）

▶ 毛髪のケアへの関心

現代では、髪を束ねないスタイルが主流ですが、それはごく最近のことです。

ヘアスタイルの歴史を見ると、洗う頻度が低い近代までは、束ねてまとめたり、髪油を使って結い上げる髪型が一般的でした。束ねずにいると、汚れていて、髪の感触が悪く、毛流れがきれいでなかったのではないかと想像されます。

洗髪頻度が高くなるとともに、髪の傷み意識が高まる

1960年代にカット技術により束ねないダウンスタイルが提案され、ブラシブローが一般にも普及し始めました。

1970年代、洗髪頻度が週2〜3回になった頃から、髪がパサつく・感触が悪いことが気にされるようになりました。洗髪頻度とともに整髪・ブラシブローの頻度が増え、濡れている状態でとかすなど髪が傷む行動が増えたからです。

こうして、シャンプー製品には、フケ・かゆみ防止だけでなく、髪をケアし感触を整える機能が加わります。クリームシャンプー、オイルシャンプーなどが発売され、仕上がりの感触を整えるために、リンス・コンディショナー・トリートメントが生まれました。この後、シャンプーにもコンディショニング技術が導入され（参照：P42）、シャンプーのコンセプトは、毛髪への効果が主流になります。キューティクルケアという考え方もこの時代に生まれました。

毛髪のダメージリスクの拡大と製品技術の進展

1980年代は、超ロング、ソバージュが流行し、傷み対策・枝毛防止成分として、仕上がりのなめらかさに優れた高重合度シリコーンがコンディショニング成分として使われるようになりました。

1990年代末にはヘアカラーが普及し、2000年代にはアイロン・コテが多く使われるようになり、縮毛矯正やデジタルパーマなどのホットパーマが行われるようになるなど、髪にとってはかなり過酷な状況になりました。

このような中で、毛髪のダメージケア技術が進展します。カラーリングの普及に伴い、感触だけでなく髪の見え方や髪の内部構造に関しての研究も深まりました。そして「髪の内部に浸透して補修する」というコンセプトが注目され、「洗い流す」トリートメントの使用率が増加、加えて、「洗い流さない」トリートメントが家庭で使われるようになりました。その後、ヘアオイルは洗い流さないトリートメントの2割以上を占めるまで成長します。

▶ 頭皮ケアへの関心

肌にやさしいシャンプー

　毛髪のケアが注目されるようになる中、1980年代、肌によりやさしいものを目指して洗浄成分の開発が行われ、石けんやラウリル硫酸ナトリウム（AS）に代わって、1980年代後半には、現在広く使われているポリオキシエチレンアルキルエーテル硫酸ナトリウム（ラウレス硫酸ナトリウム、ES）が、より低刺激で、なめらかな泡立ち、水溶性や他の成分との相溶性の良い洗浄成分として開発され、使われ始めます。

　1990年代、洗浄成分の低刺激性や植物性・天然をコンセプトとしたブランドがいくつか生まれました。

　2001年、家庭向けに弱酸性シャンプーが発売されました。サロン向けには以前からあったものの、ぬるつかない、すすぎやすいなど、扱いやすい液性や泡質、仕上がり感という課題をクリアしたものでした。この後、多くのブランドから弱酸性の製品が発売されています。　　　　　　　　（参照：P43）

頭皮ケアへの関心の高まり

　1990年代後半、欧米からサロンのヘッドスパ、ヘアエステサービスが導入され、頭皮ケアに興味が向くきっかけになったと考えられます。頭皮をオイルなどを用いてていねいに洗浄し、マッサージするというもので、施術の気持ち良さが話題になりました。洗浄ブラシやマッサージャーなどが開発されるきっかけになったと考えられます。

　2000年代後半以降、ヘアケアといえば毛髪と頭皮のケアで構成されるようになり、お手入れ方法に関心が集まるようになりました。

　またこの頃から、頭皮の実態、洗髪行動実態が調査研究され、頭皮で起こっていることがより具体的に解明されていきます。

▶ 毛髪と頭皮のケアの今後

　毛髪や頭皮にやさしい製品を使う、という考え方のもと、シャンプー製品に関して、ノンシリコーン、ノンサルフェート、ナチュラル嗜好、ボタニカル人気といったブームが続き現在に至っています。

　ノンシリコーンやノンサルフェートコンセプトには、明確な根拠はありません（参照：P55、57）。「地肌は髪の畑」といわれて、頭皮が健康ならば髪にも良い、という意識が定着しています。それが、自然・天然が好まれることにつながっていると考えられます。一方で原料の由来や、髪・頭皮への影響に関して、消費者向けに正確でわかりやすい情報が必要とされています。

　頭皮トラブルのしくみが解明されてきた一方で、洗髪の目的が正しく理解されていない面があるようです（参照：P40　洗髪の実態）。

日本のヘアケア製品・機能のヒストリー

1960年	液体シャンプー発売
1961年	家庭用リンス（薄めて仕上げにかけるタイプ）
1975年	リンス（髪に直接塗布してすすぐタイプ）
1976年	キューティクルケアコンセプト
1986年	朝シャンブーム始まり
1987年	超ロングスタイル、ウェービーが流行し、枝毛コート成分として、高重合度シリコーンが多用される
1989年	リンスインシャンプー
1992年	夜シャンプーが定着
1993年	植物、ナチュラル嗜好の始まり
2001年	一般向けシャンプーの弱酸性化始まり
2002年	カラーリングダメージに浸透補修コンセプト洗い流さないトリートメントの使用増加
2003年	美髪コンセプト
2004年	頭皮ケアへの関心高まる
2007年	髪のエイジング研究・コンセプト
2011年	オイル（洗い流さないトリートメント）人気 ノンシリコーンシャンプー人気 頭皮ケアに再び関心が高まる
2016年	ナチュラル、ボタニカル人気

　頭皮を健康に保つには、皮脂や脂肪酸などをまめに洗い流してリニューアルすることが大切です。また、髪を健康に保つには、洗髪時など濡れているときに強い力がかからないように扱い、摩擦を軽減してなめらかな状態でお手入れできる製品選びが大切です。

　新たに解明された頭髪で起こっていることや、そうした知見をもとに製品が進化していること、また原料の由来や、髪・頭皮への影響に関してなど、正確でわかりやすい情報が少なく、知られていないことが多いのが実情です。
　古くからの慣習やなんとなく「髪や頭皮にやさしい」イメージでない、理に適った、快適で効果的なお手入れ情報がもっと広まるといいのですが。

Q & A ◆◆◆ 毛髪と頭皮のケア

Q. 枝毛を防ぐには？

Q. 絡まり、ごわごわ対策

Q. シリコーンは髪や肌に良くないの？

Q. 洗髪頻度の目安は？

Q. 洗髪時に抜け毛が多いのは？

Q. すすぎ残すとなぜ良くないの？

Q. 湯シャンていいの？

Q. 洗いすぎると皮脂分泌量が多くなるの？

Q. ノンサルフェートって？

Q. 洗い流すトリートメントと洗い流さないトリートメント

Q. 枝毛を防ぐには？

髪は洗髪や乾燥・スタイリング時にこすれて傷みます。毛先にいくほどこすれる回数が多いので、傷みが進んで髪が裂け、枝毛ができやすいのです。

特に髪が湿っているとき、アイロンで挟んでいるときに、強くこすったり引っ張ったりしないように心がけましょう。

髪を扱っているときに、きしんだり絡まりやすくなっていたら、よりなめらかにする効果のあるヘアケア剤を使いましょう。

絡まる場合は、無理に毛先まで通しきらず、いったんクシやブラシを抜いて毛先からほどくようにしましょう。

できてしまった枝毛のある部分はカットして、新たにできないようにお手入れしましょう。　　　　　　　　（参照：P24　髪のお手入れ、基本の6箇条）

Q. 絡まり、ごわごわ対策

絡まりやごわごわ感は、なめらかさが足りず、毛流れがそろいにくい場合に感じます。

まず、ヘアケア剤で毛先までなめらかで指通りの良い状態にし、根元が濡れた状態から毛流れをそろえるようにして乾かしましょう。

（参照：Q. 枝毛を防ぐには？）

（参照：P63-67）

054

Q. シリコーンは髪や肌に良くないの？

　化粧品には、肌や髪に対して負担を与えないことが確認された原料が使用されています。シリコーンも同様です。さらにシリコーンは、構造が安定で、熱や光に強く変質しにくく、水や他のものと反応しにくいため、**髪や肌に影響をおよぼしません。**

◆シリコーンの役割

　シリコーンは、**すすぎ時の髪の指通りや髪の感触、すすいだ直後や乾燥後の仕上がり感**の設計によって、配合有無や配合量を調整しています。シャンプーで洗い上がりのさっぱり感を特に求める場合には、シリコーンを配合しないこともあります。

　シリコーンの配合有無にかかわらず、適度な洗浄性があるように調整しているので、洗浄性が低いということはありません。また、リンス、コンディショナー、トリートメントにはすべてシリコーンを配合しています。

◆シリコーンが配合されているシャンプーが良くない、の真偽

　シリコーンが配合されているシャンプーが良くない理由として、以下のようなことがいわれていましたが、シリコーンを配合している一般のヘアケア製品について、通常の使用方法で、そのような現象が起こらないことが検証されています。

①地肌の毛穴につまりを起こす
②パーマのかかりやヘアカラーの染まりに影響を与える
③毛髪へのコンディショニング成分などの浸透を妨げる

地肌の毛穴につまりません

　通常のシャンプー方法で、1ヵ月以上連続使用した地肌の毛穴に、シリコーンがつまる兆候は見られません。また、シリコーンの配合量や残留量、皮脂となじまず髪表面に薄く広がりやすいというシリコーンの性質からも、毛穴につまりを起こすとは考えられません。

パーマのかかりやヘアカラーの染まりに影響を与えません

　ダメージ毛・健常毛の双方に対し、シリコーン配合油剤、ノンシリコーン油剤で処理したのちに、パーマのかかりやヘアカラーの染まりを調べた結果、シリコーン配合有無によるパーマ・ヘアカラーの効果の違いは見られませんでした。

毛髪へのコンディショニング成分などの浸透を妨げません

　シリコーンは、洗髪中など、水のある状態では、球状の油滴として髪の表面にあるため、過剰な量でなければ、他の成分の毛髪への浸透を妨げません。

Q. 洗髪頻度の目安は？

　頭皮のかゆみやニオイ、髪のべたつきの元を取り除くために行うので、それらが気にならない頻度で。目安は1〜2日に1回。
　頭皮トラブルの素になる皮脂の分泌量や皮膚の常在菌の数や構成は、個人の体質・体調・活動量、季節・環境（温度・湿度）によって異なるからです。
（参照：P31）

Q. 洗髪時に抜け毛が多いのは？

　洗髪時に抜け毛が多いと感じるのは、成長の終わった休止期毛（参照：P16）が数g以下の力で自然に抜けたり、すでに抜けていた毛が洗髪時や乾燥時に軽く手グシを通すだけで落ちるからです。
　成長している髪は引き抜くのに数十gの力が必要ですから、ふつうに洗髪するだけで抜けることはありません。洗髪頻度が低いとその期間に抜けていた髪が落ちるため本数が多くなります。　　　　（参照：P16　ヘアサイクル）

Q. すすぎ残すとなぜ良くないの？

　シャンプーは、頭皮のかゆみやニオイ、髪のべたつきの原因となる、皮脂や汗、そしてそれらが変質したものを捕まえて水になじみやすくします。すすぎ残すと、洗浄成分が捕まえたトラブルの原因物質を残してしまうのです。
　コンディショナーやトリートメントは、髪全体に十分行き渡らず、塊で残るとべたつきの原因になるためです。
　すすぎ残しやすい部分は、毛量の多い耳上の頭周り、毛髪のない耳の後ろ、襟足です。耳の後ろは、水の流れ道になっているので、すすぎ終わってからもう一度触れて確認しましょう。
　シャンプーをすすいでいるときに、指が通らなくなるとしっかりすすげません。すすぎ時まで指通りの良いシャンプーを使いましょう。
（参照：P40　すすぎ足りない）

Q. 湯シャンていいの？

　頭皮の皮脂などの油性成分は、お湯だけでは洗い流しにくいのでおすすめできません。頭皮のかゆみやニオイ、髪のべたつきの原因は、頭皮の上にある皮脂や汗、そしてそれらが変質したものです。これらは固形や液状の油性成分なので、水になじみにくくお湯だけでは落としにくいものです。さらに、頭皮には髪の毛が密集していて、より洗い流しにくくなっています。
　油性成分をシャンプーの洗浄成分で捕まえると洗い流しやすくなります。また、今のシャンプーはすすぎ時まで髪をなめらかにして保護する役割も果たしています。　　　　（参照：P31　頭皮のトラブルを防ぐには）

Q. 洗いすぎると皮脂分泌量が多くなるの？

洗っても洗わなくても皮脂分泌量はあまり変動していませんでした。
（参照：P31右上グラフ）

Q. ノンサルフェートって？

　洗浄成分としてラウリル硫酸塩（AS）やポリオキシエチレンラウリルエーテル硫酸塩（ES、AES）などを含まないシャンプー製品のこと。
　ASは現在シャンプーの主洗浄成分としてはあまり使われず、ESが最も多く使われています。ESは皮膚への刺激性はアミノ酸系界面活性剤と同等です。また、単独で泡立ちやなめらかさ、他の成分とのなじみがよく、液体系の洗浄成分として優れています。
　硫酸塩＝サルフェートは、強酸である硫酸を想起しますが、洗浄成分は塩なので性質は全く異なります。
（参照：P45）

Q. 洗い流すトリートメントと洗い流さないトリートメント

　洗い流すコンディショナーやトリートメントは、すすぐことによって髪全体に薄く行き渡らせることができます。
　洗い流さないトリートメントは、毛先などにしっかり塗布することができます。
　基本は、洗い流すコンディショナーやトリートメントで髪のコンディションを整える。乾かす際～乾燥後の状態によって、特に傷んでいるなどなめらかさの足りない部分を中心に、洗い流さないトリートメントを使うと良いでしょう。

髪のコンディションによって、毛先までなめらかになるように選んで使いましょう。

ヘアスタイルを整えるって?

　ヘアスタイルを整えるには、大きく分けて次の3つの方法があります。日常的に自分で行うのは、上の2つです。

（1）　水素結合を利用して、形を整え保つ
　　　　湿った状態から毛流れを整えてしっかり乾かす
　　　　　　……洗髪後の乾燥、日常のスタイリング
（2）　毛髪間の指通りを良くする、接着・粘着する
　　　　毛流れを整えやすくする。整えた状態を維持する
　　　　　　……スタイリング剤、ケア剤
（3）　元髪を整えやすい形に整える
　　　　　　……カット、パーマ、リラクサーなど

　思い通りのヘアスタイルに仕上げ、長持ちさせるには、これらの要素を組み合わせます。
　この項では主に、日常的に自分で行う（1）（2）について解説します。
　ヘアスタイルを整えることは、パサつきを抑える有効な方法です。
　なぜなら、パサつきは、傷んだときなどに見たり触ったりして感じますが、実は、毛流れが整っていない現象だからです。（参照：P14-15　パサつきとは？）

　傷んだ髪やくせ・うねりの多い髪は、毛流れをそろえにくいため、パサついて感じやすいのですが、毛流れをそろえるようにして、上手に乾かせば、パサつき感は低減・解消されます。
　普段ヘアスタイルを整えるときに「形をつける、変える」意識でなく、「毛流れをそろえる」意識で、しっかり乾かすようになるといいですね。

ヘアスタイルは、"乾く"ときにキマる
➡　　望まない形にセットされてしまうこともある

● 完全に髪を乾かす必要あり
　（半乾きでは、寝ぐせや望まない形状がついてしまう）
● いったん乾いたら、もう一度濡らさないとやり直しできない

ヘアスタイルが整うしくみ

　髪には、乾くとできる「水素結合」と、化学反応で形を変えることのできる「化学結合」があります。
　洗髪したあと乾かして整える日々のお手入れは水素結合を利用しています。
　化学結合は水分の出入りによって変わらない結合を利用して、元の髪の形を変えたり毛流れを整えて、日々のお手入れをしやすくしたり、乱れたときの差を小さくしたりします。

▶ 水素結合を利用して、形を整え保つ

　濡れた髪は、水素結合が切れて形が自由に変えられる状態です。形を整えて乾かすとヘアスタイルが決まります。髪全体がムラなく乾いたときに形が整っていると、そのスタイルが長持ちします。

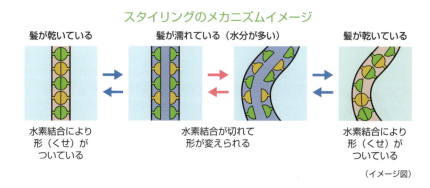

スタイリングのメカニズムイメージ
（イメージ図）

　アイロンによる形づけは、高温で加熱し水素結合を動きやすくして、形づけるものです。　　　　　（参照：P72　アイロン（コテ）の上手な使い方）
　寝ぐせで思いもよらない形がついてしまっても、濡らせば必ず直せる状態になります。

▶ ジスルフィド結合を利用してパーマをかける

　毛髪中に多く含まれるシスチン由来のジスルフィド結合を還元・酸化する過程で、形を整えます。この結合は水に濡れても切れません。髪の形状をストレートやウェーブにそろえるなどして、スタイリング時に形を整えやすくするために施術されます。　　　　　　　　　　　　（参照：P69　パーマ）

ヘアスタイルが乱れるのは？

▶ 髪がきちんと乾いていない

　乾いていないと、髪の形は変わりやすいので、乾くまでの間に形が変わります。

　乾くというのは、外気への毛髪からの水分の移動がなくなることです。

　乾かし方を観察すると、表面や毛先、鏡で見える部分だけ乾かして根元や内側を十分に乾かしていない実態が多く見られます。下図のように乱れるという経験している方も多いのではないでしょうか？

　乾燥した季節や冷房で乱れるのも、乾いていない部分があるからです。

髪が温まったまま放置する

　ドライヤーやアイロンを使って温まった髪は、濡れている状態と同様に水素結合が不安定で動きやすい状態です。そのため、温まったまま放置すると、形がくずれやすいのです。乾いて形が決まった状態で冷ましておくと、形がくずれるのを防ぎ、持ちが良くなります。冷風を使うのはそのためです。

こんな風に仕上げたつもりでも……

ハチの根元・内側が乾いていないと、内側が乾いたときに、シルエットが変わってしまった

内側が乾いていないと、内側が乾くときの水蒸気で、表面の髪がボサボサに

毛先を乾かし残すと、乾いて毛流れがバラバラに

耳うしろの根元を乾かし残すと、内巻きに整えた毛先が、根元が乾くときに、向きが変わってしまった

▶ 乾いた後で水分が入り込む

水素結合が切れて形が変わりやすくなります。

湿度が上がる

しっかり乾かして仕上げたあとで、雨天になるなど、湿度が高くなると、毛髪内に水分が浸入して水素結合が切れて形が変わりやすくなります。そのため、もともとのくせが出て毛先がばらついたり、広がったりします。

汗をかく

髪の根元から濡れて形がくずれ、シルエットに影響します。

- -

寝ぐせの原因は2つ

寝ぐせは、十分に乾かさないまま寝てしまう、寝ている間に汗をかくという2つの原因が考えられます。

枕などに押しつけこすれ合って、根元から形が変わり、枕の布が水分を吸収して、そのときの形でしっかり乾きます。

寝ている間にこすれやすい部位を根元からしっかり乾かしておくと、1つ目の原因の予防になります。

思いもよらない形がついてしまっても、濡らせば髪の形を変えられ、直せる状態になります。

濡らすときのコツは、直したい部分の根元まで濡らし、濡らしてからしばらく放置するなどして、毛髪内部まで水分をなじませることです。

その後、形を整えながらしっかり乾かします。

ヘアスタイルを整えにくい髪の状態

髪質や傷みなど髪の状態は、「毛流れをそろえにくい、整えにくい」要因です。

髪の表面がなめらかでない

毛先にいくほどキューティクルが傷んでいてなめらかでないため、毛流れをそろえにくく、バラバラになりやすいのです。くせがあったり傷んだりしていても、髪の表面をなめらかにしておくと、整える際にバラバラになりにくいのです。
(参照：P8　なめらかさが損なわれるのは？)

バラバラになってしまった場合も、まずなめらかにして毛流れを整えてから、適度に髪どうしを寄せた状態をキープする製品を使うといいでしょう。

ハリ・コシがない

ハリ・コシや弾性が低下すると、ストレートに整えにくくなったり、根元が立ち上がりにくくなったり、大きなカールをつくりにくくなります。
(参照：P10　しなやかさが損なわれるのは？)

くせ、うねり毛が多い

くせやうねりが細かいほど毛流れをそろえにくく、ヘアスタイルを整えにくい原因になります。

毛髪内部の構造が偏って分布することで曲がったりねじれたりして、くせやうねりになっています。　　　　　　　　　　　(参照：P5、146　くせ毛)
＊毛流れをそろえるように整えると、きれいに仕上げられます。

静電気が起こる

静電気が起こると、髪どうしがお互いに反発して離れようとするため、毛流れを整えようとしても、あちこちに向いてまとまらず、表面や毛先が広がったり、短い毛がツンツン立ち上がったりします。　　　　(参照：P29　静電気対策)

ヘアスタイルを整えやすくするには……

● 髪の表面をなめらかにして、指通り良くし、静電気を防ぐ
● くせが強くて毛流れがバラバラになりやすい髪は、パーマなどで毛流れをそろえておくと、整えやすい。　　　　　　　　　　　(参照：P69　パーマ)

～髪全体をきちんと乾かし、上手に整えるコツ～

▶ 根元をしっかり乾かす

　髪全体の根元を、頭皮から離して浮かせて乾かすと、髪が動かしやすくなり、毛流れをそろえ・整えやすくなります。

　ハチの形が決まらなかったり、表面に浮毛が出やすい、毛先の方向が後で変わりやすいことも防げます。（参照：P60　ヘアスタイルが乱れるのは？）

ほかにもいいこと
・根元をボリュームアップしやすい
・頭の丸みに沿ったシルエットをつくりやすい

▶ 根元から毛先方向に乾かし、毛流れをそろえる

・毛先の収まり場所が自然に決まります。
　ブラシを何回も通して髪に負担をかけず、傷みにくくなります。
・髪と髪の間の水分は、根元から毛先へと流れるので効率よく乾きます。

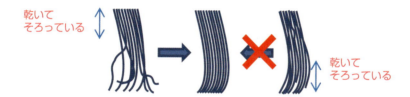

毛先から整えると、根元部分は整いません
根元を整え直すと、毛先がバラバラに

▶ 髪全体をしっかり乾かす：「さらさら」が乾いた目安

　全体をしっかりと乾かすと、水素結合ができて髪の形が保たれ、ヘアスタイルの持ちが良くなります。

指には、水分センサーはありませんが、髪と髪の間の水分による細かい束々が解消し、指に吸い付くような感じからさらさらな感触になったら、乾いた目安です。

1箇所を集中的に乾かすよりも、部位を変え何巡りもしながら乾かした方が、髪全体の乾き具合を合わせやすくヘアスタイルを整えやすいです。

063

髪の乾かし方

 根元から乾かす
髪全体をしっかり、さらさらするまで乾かす

1. 根元を乾かす

　根元がまだ湿っている状態からドライヤーを使い、ハンドブローで乾かし始めます。根元に風を入れるように、指の腹を頭皮につけた状態でしゃかしゃか動かしながら、髪が頭皮から離れ、髪どうしがばらけてさらさらになるまで、乾かします。分け目を気にしないで乾かしましょう。
　すべての根元をしっかり乾かすと、毛先がまとまりやすくなります。

バラバラの角度で地肌に倒れている根元の毛を
起こし、毛流れをそろいやすくします

■頭頂部・耳より前
分け目をつけずに、
頭頂部より前に向かって乾かします
耳上を忘れずに

■耳より後ろ
つむじの左右からつむじにかぶせるように
根元を起こして乾かします
頭を左右に傾けると、かぶせやすくなります

髪を整えやすくする

・髪の根元が湿った状態。

・湿っている状態から乾いて仕上がるまで、髪の表面をなめらかにしておく。指やブラシ通りが良く、ヘアスタイルを整えやすい。これで静電気も防ぎます。

シャンプー・コンディショナー・トリートメントでコンディションを整えられるのが理想的ですが、髪が乾きすぎていたり、毛先が引っかかるなど、なめらかさが足りない場合は、乾かし始める前に洗い流さないトリートメントやウォーターでコンディションを整えます。

・乾かし残しやすい部分

乾かし残しがちな部分は、髪の重なりの多い後頭部や耳上あたりの根元部分です。後ろやサイドの髪は、そこから乾かし始めます。

・毛流れに逆らわない、頭をおおう流れが自然

顔を前に傾けて、つむじから自然に頭をおおう流れが自然な毛流れです。この毛流れを念頭に、根元数ミリが頭皮から垂直に立ち上がるように乾かし始めます。特につむじ周りや分けぐせがついて立ち上がりにくい部分は意識しましょう。

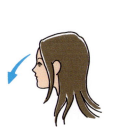 

2．毛流れを整えながら毛先まで乾かす

　根元が乾いたら、根元から毛先に向かって毛流れをそろえるようにしながら、完全に乾かします。

　ドライヤーの風が根元から毛先に向かって流れるようにします。毛先には直接当てないようにしましょう。

・左側の耳上の髪を額を通して頭に巻きつけるようにブローします。

・耳後ろの根元から毛先に向かって風を当てます。
・指は内側からサイドの髪全体に入れて、前に引き出すようにします。

カール・ウェーブスタイルの場合

①耳後ろの髪の根元を軽くねじって、ゆるやかなウェーブが出るように、後ろからドライヤーを当てて乾かします。

②毛先は毛束を持ち上げ、手の上でウェーブの大きさに丸めて弱風で乾かします。

剤の活用

　髪の状態によって、洗い流さないトリートメントや、ヘアスタイル専用のスタイリング剤を使うと、仕上げやすくなります。

ヘアスタイルに合わせて整えやすい設計のスタイリング剤を利用する

・髪を適度になめらかに
・バラバラになりにくくして整えやすく
・仕上がりの感触をスタイルや髪の状態、好みに合わせて
・スタイル保持力をスタイルや髪の状態、好みに合わせて

ストレート／ウェーブ用フォーム、ミルク、ローション
アイロン用スタイリング剤

表面や毛先をきれいに仕上げるコツ

●毛流れをそろえながらハンドブローで乾かす際、表面の髪を他の髪といっしょにしてバラバラにならないようにする。　　　（参照：P66　左上図）
　・分け目をつけない
　・耳上の髪を頭頂部に巻きつけるように

●乾く間際に手をかけて表面や毛先をワンランクきれいに仕上げる
　・髪がばらつかないようにブラシでホールドし、ドライヤーの風を当てながら流れを整えます。
　・アイロンで、毛流れをきれいに整えたり、ストレートやカールをよりくっきり仕上げます。
　　　　　（参照：P72　アイロン（コテ）の
　　　　　　　　　上手な使い方）
　・温めたホットカーラーを毛先にすべらせるだけで、カールがしっかり仕上がります。

ヘアスタイルの持ちをよくするポイント

　・乾かし残しがないか確認する
　・髪全体が乾いていて、形も整ったら、髪を室温にする。
　　空気を含ませたり、冷風を使ったりする。

067

3．仕上げ

　毛流れや形、ボリューム感を整えて仕上げます。乾かし残しがないか確認しながら、ドライヤーの温風を当てながら整え、さらに冷風で髪を室温にします（P60参照）。

◆トップのボリュームを整え、キープしたい場合
　根元（内側）にスプレーしたあとふんわりと整えます。

◆サイドのボリュームを整え、キープしたい場合
◆サイドのカール・ウェーブ・ストレートをキープしたい場合
　髪の内側と外側、全体にも薄くスプレーして整えます。

◆毛束感を出し、毛流れを際立たせたい場合
　ワックスやジェルを薄く塗布した後、毛流れを際立たせたり、毛束をつまんで、毛流れをつくったりします。

仕上げに用いるスタイリング剤
・ボリュームや質感を整える前後に使用します。
・浮き毛や毛流れを整えて仕上げます。
・ヘアスタイルをキープします。

ヘアスプレーやワックスが用いられます。

パーマ

毛髪中に多く含まれるシスチン（アミノ酸の一種）由来の**ジスルフィド結合（S-S結合）を還元して切断**し、形状をそろえてカールをつけたり、まっすぐにしたりした後に、**酸化して再結合**させ、形を保ちます。

　ジスルフィド結合は水に濡れても切れず、洗髪やスタイリングを繰り返しても保たれるため、パーマをかけることでスタイリング時に毛流れを整えやすくなります。

　還元・酸化反応過程で、毛髪の構造が壊され、タンパク質などが流れ出ることによって傷み、強度が低下します。

　近年は、還元剤の種類や濃度などの剤の設計、加温技術などが工夫され、サロンでも再現性の良い診断や施術方法の開発が行われて、仕上がりの傷んだ感じがかなり低減され、持ちも良く、ヘアカラーをしている髪への施術もできるようになってきています。

パーマの種類
コールドとホット（下図）
　ジスルフィド結合を還元し、乾かした後、形を整えて毛髪を直接加温するものが、ホット系。

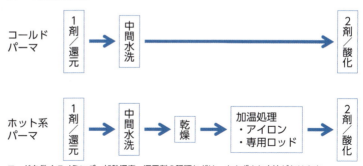

パーマ施術の種類

ロッドを巻くタイミング、加熱温度、還元剤の種類などは、さまざまな方法があります。

還元剤
チオグリコール酸系（医薬部外品）
　毛髪への浸透性が良くパーマのかかりが良いことから、パーマの主力の還元剤。

システイン系（医薬部外品）
　チオグリコール酸系と比較すると毛髪ダメージが少ないという位置づけですが、カーリング料に押され使用量が減少しています。

カーリング料（化粧品）
　システアミンやサルファイトを主成分とした洗い流すヘアセット料として扱われる製品群。ヘアカラー施術した髪への適用、還元後に加温するホットパーマに用いられています。

　チオグリコール酸やシステインなどを、チオグリコール酸換算で2.0%まで含めても良い。

スタイリング時のダメージ

髪を傷めないお手入れのポイントは、スタイリング時にも当てはまります。
・表面をなめらかにしておく。
・摩擦や引っ張りが最小限になるように扱う。
・濡れているときに特に傷みやすいので、よりていねいに扱う。

（参照：P24　髪のお手入れ、基本の6箇条）

▶ 力によるダメージ

・**ブラシ**を使う場合

　濡れているときにブラシを繰り返し通しながらブローしても、キューティクルを傷めているだけで形は決まりません。髪の形は乾いたときに決まりますから、ブラシは乾き際に、以下の目的で使います。

①ばらつきやすい髪をつかまえて、
　髪の流れをそろえます

②カールをつけます

　テンションをかけて伸ばすという表現がよく使われますが、引っ張ることより、髪の流れをそろえることが、主目的です。ブラシに引っかけて引っ張ると、キューティクルが傷ついたり、細い髪が伸びきってしまったりする傷みにつながります。上手な人は、ほとんど引っ張らず、無理な力を掛けません。ブラシの歯を利用して、こまめに動かすなどして髪の流れをそろえているのです。
　獣毛ブラシは、密な毛先を利用して毛流れをそろえてつやを出します。
　デンマンブラシは、ゴムの部分で髪がバラバラにならないように工夫されています。

・ドライヤーの風の方向

　ドライヤーの風の方向が、根元から毛先に向かうように使うと、根元から毛先に向かって毛流れがそろいやすく、毛先がバラバラな方向を向いて絡まるのを避けられます。
　コツは、後ろから前に向かう意識を持って、決して前から風を当てないことです。

▶ 熱ダメージ　　　　　　　　　　（参照：P22-23）

加熱と力によるダメージ

　アイロンで高温に加温され、柔らかくなったキューティクルがこすれることによって、脱落しやすくなります。強く挟んで、引っ張ったりこすったりすると、キューティクルがごっそりはがれることがあります。これを繰り返すと感触が悪化し、枝毛ができやすくなります。

加温の繰り返しによるダメージ

　コルテックスの繊維構造が、160℃以上の加温の繰り返しで乱れ、200℃以上の加温の繰り返しで壊れます。アイロンの繰り返し使用により、弾力が低下して、形が決まりにくくなり、持ちが悪くなります。

　また100℃以上の加温を繰り返すと、毛髪内のタンパク質が変性して空洞が増えます。

急激な乾燥によるダメージ

　急激に乾燥すると、キューティクルがそり返ってエッジが浮き上がる現象が観察されています。その際にブラシやクシを通すとキューティクルが削れたり、つやのない仕上がりになります。頭全体を行き来しながらまんべんなく乾かすといいでしょう。

● アイロンによる熱ダメージ

　アイロンは100℃以上の設定のものがほとんどで、熱ダメージのすべての現象が起こりうるため、使い続けると、徐々に形が決まりにくく保持できなくなり、感触が劣化して枝毛ができやすくなります。

　髪に力がかからないように、短時間で上手に使うコツを覚えましょう。　　　　　　　（参照：P72）

● ドライヤーの熱によるダメージはほとんどありません

　1,200Wのドライヤーから10cm以上離れると90℃以下になり、しかも乾かしているときは髪が濡れているので、毛髪の表面温度は60〜70℃程度です。

　乾き際に熱を当て続けないように注意すれば、100℃以上になることはありません。また、最近の風量が多いドライヤーは、熱がより留まりにくくなっているため熱ダメージのリスクはかなり下がっています。

アイロン（コテ）の上手な使い方

■ アイロン（コテ）によるスタイリング

　　加温して髪を柔らかく整えやすくし、すばやく乾かして水素結合で形を決めます。室温に戻した状態で形が保たれます。

■ アイロン（コテ）による傷み（参照：P23, 71）

■ アイロン（コテ）の上手な使い方のポイント

・強く挟んで、こすったり引っ張ったりしない。
・160℃未満の温度設定にし、なるべく髪に当てる時間を短くする。
・髪全体を乾かした状態から使う。
・毛流れを整えてから使う。

■ 手　順

1. 髪全体をドライヤーでハンドドライします。根元をしっかり乾かし、根元から毛先に向かってしっかり乾かします。毛先もまとまる程度に乾かしておく。夜洗髪の場合は、夜にきっちり乾かしておきましょう。

　　　　　　　　　　　　　　　　（参照：P64-67　髪の乾かし方）

2. アイロンを当てる毛束を取ったら、あらかじめ毛流れをクシで整えます。さらに、アイロンの間に入れて挟まずに少し隙間を空けた状態で根元から毛先まで熱を当てます。これで髪が柔らかく整いやすくなります。

毛束をとる
・周辺の細かい毛を巻き込まないように
・アイロンの幅と熱が伝わりやすい厚みを考慮して、多く取りすぎない

毛流れをそろえる①
手グシやクシで

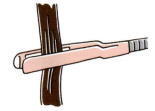

毛流れをそろえる②
アイロンやコテで挟みきらずに毛束に熱を当てるように通して、毛束をなじませます

3．アイロンで挟んで、ストレートを決めたり、カールをつけたりします。このとき強く挟まず、引っ張らず、さっと通すくらいが理想です。

ストレートの場合
　２．で、すでに整えた毛流れを仕上げる作業です。根元をアイロン・コテで挟んでゆっくり毛先まで動かします。

カール・ウェーブの場合

①髪の根元を挟み、アイロンのクリップを半開きにして、巻き始めの位置まですべらせます。

②好みの巻き方で巻きます。

③アイロンのクリップを半開きにして下方向にアイロンをはずします。

4．まっすぐな状態、あるいは手のひらにカールを載せ、熱が冷めるまで待ちましょう。冷める際に湿気を吸ってくずれるのを防げます。
　　　　　　　　　　（参照：P60　髪が温まったまま放置する）

ワンポイント
毛先ワンカールは、ホットカーラーをすべらせるだけでもできます。

スタイリング剤

スタイリング剤・洗い流さないトリートメントの役割

乾くまでの間にヘアスタイルをつくりやすくしたり、乾いた後にヘアスタイルを保持したりするために使われます。

●役　割

・髪どうしを部分的にくっつけて、形を保持します。
　・乾かしている途中では、髪がばらつかないようにする
　・仕上がったスタイルを保持する
・髪の手触りを良くし、扱いやすくして、以下の効果を付与します。
　・ダメージケア・補修・質感を補う
　・髪の流れをそろえやすくする
　・形づけやすくする
　・乾燥しやすくする

●成　分

一般的な成分は、固体脂、液状油、ポリマーなどで、使用感と機能のバランスによって複数の成分を組み合わせています。

スタイリング成分の代表的働き

実際には原料の性質を生かし、ミックスして製品にします。

たとえば、被膜で毛髪どうしを接着する機能を主体に、コンディショニング成分を加えて、仕上がりのなめらかさを付与する、あるいは、手触りをなめらかにする成分主体で、わずかに接着する成分を加えて髪がバラバラになりにくくする、など。

スタイリング成分の働き

機能	被膜をつくって毛髪どうしを接着する	油脂（液状・固体）などで毛髪どうしを粘着する、なめらかにする
役割	膜をつくって形を保つ	粘着して毛髪をまとめる すべりを良くする
長所	キープ力が高い	指が通せる、手直しできる 硬さが緩和される
短所	被膜が破壊されると、元に戻らない	粘着性とべたつき・なめらかさはトレードオフ 但し自己粘着性などの特殊な性質のものもある

●剤　型

代表的な剤型について特徴を下表にまとめました。
つけやすさ、伸ばしやすさに特徴がでます。

スプレー／ウォーター 手を汚さずに、 薄くつけやすい 	（エアゾール） 細かい霧で非水系のものは髪が濡れない、すなわちくずれないので、形づけている途中やフィニッシュにも使える
	（ノンエアゾール） 霧が粗く、しっかり濡れる。水リッチなものはくせを取るなど、整える前に使う
フォーム 髪と髪の間、根元〜毛先に行き渡り、伸ばしやすく、全体的につけやすい 	（エアゾール） 成分をリッチに配合できるので、セットやコンディショニング成分を広い部分に行き渡らせたい場合に良い
	（ノンエアゾール） 水リッチなので、濡らして、くせを取るなど整える前に使う
ワックス・クリーム ねらった部分にしっかり濃くつけやすい。ただし、水分量の多いものが多いので、手に薄く伸ばして髪にも薄づけするのがポイント。部分的に束感をだしたり、まとめたりする場合に使いやすい	

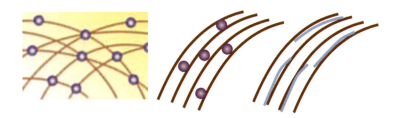

　スタイリング剤は、髪と髪の間を点や線で接着／粘着したり、なめらかにしたりして、形を整えやすくしたり、キープしたりすることができます。

075

スタイリング剤の種類と特徴

▶ ヘアウォーター

髪を濡らして形を整えやすくする、寝癖を直す、髪の手触りを良くする、形づけやすくするなど、スタイリング前の下地として使用します。ヘアスタイルをつくりやすくするために、スタイリング成分を含むものもあります。部分的に使いやすいディスペンサーや、ひと押しで多量に噴霧できるトリガーなどがあります。

▶ ヘアオイル

液状油を主成分としたもの。なめらかさや柔軟性を与え、まとまりやすくするために使われています。椿油や木蝋（もくろう）は「びん付け油」として古くから使用されていました。

近年は、高分子シリコーンを揮発性溶剤に溶解した構成の製品が多く上市されています。これは、塗布時になめらかで伸びが良く、溶剤が揮発すると高分子シリコーンが薄く残って、なめらかさと適度なまとまりを付与するという使用感が好まれています。

▶ ヘアクリーム・ミルク

なめらかさ、柔軟性を与え、まとまりやすくするために使われています。以前、ヘアクリームは頭皮にも使用を推奨していたものもあります。油性成分を乳化して使いやすくしています。近年は、クリームより髪に伸ばしやすいミルクが多く、美容液という名称のものも多くあります。

▶ ヘアワックス

　1990年代に、ロウ状で粘着性の油剤を主成分として、毛束をつくってまとめたり、毛流れを際立たせたりして仕上げる目的で開発されました。

　現在は、セット保持力や質感などバリエーションが豊富で、泥状（クレイ）やクリーム状のものなどがあります。手直しが簡単にできるものもあります。容器は、ジャー、チューブ、ポンプタイプなどです。粘着セットを想起させる目的で、剤型にこだわらずに名称に使われることもあります。1990年代の毛先を削いでラフに仕上げるスタイルとともに普及しました。

　男性などショートヘアには根強い人気があります。

▶ ヘアフォーム

　気体を含んだ泡が、根元から毛先まで伸ばしやすく、また髪の間にも入りやすいのが特徴です。

　エアゾールタイプは、成分を比較的リッチに配合できるため、ハードセットタイプからトリートメントタイプまで幅広くそろっています。ストレート・ウェーブ用・トリートメントがあるのもそうした特徴によります。1990年前後にウェービーヘア用のフォームは一世を風靡しました。

　ノンエアゾールのポンプタイプは、ノズル部分のメッシュで泡にするタイプ。水分が多いので、しっかり髪を濡らしたい場合に有効です。

▶ ヘアスプレー（エアゾール）

　成分をガスの力で霧状に噴射します。水分が少なく髪を濡らさないので、乾かして整えたスタイルをくずさずにキープしたり、後れ毛や浮毛を抑えたり、指通りを良くする目的で、仕上げに使われます。

　もともと被膜形成性のポリマー主体でしたが、粘着性ポリマー主体で、整える過程に使ったり、手直しできるものも開発されています。

▶ ヘアジェル

　粘性のあるジェル状の水性整髪剤で、強い整髪力があるものが代表的。髪に密着して寄せ集め、まとめたり、立ち上げて、しっかり固定することを目的として使用されます。現在、日本では女性の使用率は少ない状況です。

ヘアスタイルとスタイリング技術の歴史

　ヘアスタイルは、カット・パーマ・乾かし方など、整えて仕上げる技術の進歩とともに変化してきました。

　また、日本では、急速に洗髪頻度が高くなり、乾かす頻度も高くなったため、簡単で速く確実に仕上げることや、スタイリング時に傷みにくいことなども考慮されてきました。毛髪で起きていることの解明が進み、理に適ったお手入れや技術の進化が続いてきたと考えられます。

　束ねるスタイルから、束ねないで整えるだけのダウンスタイルが、仕上げ方とともにさまざまな提案をされるようになったり、スタイリング剤にべたつかないことが求められ、セット保持とコンディショニングのバランスが変化したり、スタイリング剤のセット保持に頼らないヘアスタイルになったり、さまざまな進化を遂げています。

　1990年代、グローバルな意識が進み、日本人が欧米人女性への憧れを持ったことも、ヘアスタイルやヘアカラーの開発が進んだことの背景にあります。その後、日本人の特長を生かし、髪質や顔立ちに合ったヘアスタイルやヘアカラー、そしてお手入れ方法が提案されるようになっています。

▶ **カット**

　1950年代、ショートヘアが流行。

　1960年代、ヴィダル・サスーンによって、ハサミ（シザー）で形づくるヘアスタイルが提案され、カットの時代が始まりました。

　1970年、ウルフやサーファーカットといった外側に段差をつけたレイヤースタイルが登場し、1980年代のレイヤーパーマブロースタイルにつながっていきます。

　1980年代後半から、ワンレングスで長くし前髪をポイントにするスタイルが流行りました。

　1990年代以降、日本人の美容師によって、日本人の髪や顔型に合うカットが開発・提案されるようになりました。

（参照：P84-85）

▶ パーマ

電髪からコールドパーマの時代へ
 1905年　アルカリと熱によるウェーブ法（電髪）発明（イギリス）
 1920年頃　アメリカで電髪実用化
 1930-40年　日本で電髪流行、40年戦時に自粛
 1940年代　チオグリコール酸を主体としたコールドパーマ開発（アメリカ）
 1945年　日本で電髪復活、55年頃最盛期
 1950年代（日本は1955年以降）　電髪からコールドパーマに移行

コールドパーマ全盛期
 1970-80年　レイヤーカットにパーマをかけ、横に流すスタイル
 1980年代　ストレート用に剤の粘度を上げ、パネル上でコーミングする方法が行われ、断毛事故多発。
 1980年代後半　ソバージュ流行。ウェーブとストレート化の交互施術も盛ん。
 1992年　パーマ剤の出荷額最高に。より緩やかなパーマスタイルに。ロッドや巻き方がさまざま提案されました。

ホット系パーマの普及
 2000年頃　ホット系パーマ（参照：P69　パーマ）が認められ、縮毛矯正、続いてウェーブ・カールパーマでも行われるようになりました（巻き髪パーマ、デジタルパーマ）が、十分普及しませんでした。

 2010年代に入って、剤（還元剤濃度、pHなど）・機器（加温温度など）・美容師の使いこなし技術が進み、コールド・ホットともヘアカラーをしている髪にも施術できるパーマが普及し始めています。

パーマヘアの仕上げ方も変化
 1950-60年代のフェザーカール（P84）はカーラー仕上げ
 1980年代のレイヤー（P82、84）はブラシブロー仕上げ
 1990年頃のソバージュ（P82、85、86）はフォーム剤を塗布し自然乾燥
 2000年以降　ウェーブもドライヤー乾燥仕上げ

 2000年以前は、持ちを重視して強くかけ、施術後の感触の劣化は避けられませんでした。現在は仕上がりのヘアスタイルを想定したかけ方で、施術後の髪の感触劣化を抑えられるようになっています。
 2000年頃には、50代以上の半数以上がボリュームアップ目的で行っていた強めの全体パーマは需要が激減しています。

▶ 仕上げ方

　ブロー以前のスタイリング方法といえば、ブラシで整えたり、カーラーで仕上げる方法でした。夜寝る前にパーマスタイル全体をカーラーで巻いて、朝にブラシでふんわり仕上げるという整え方です。

・ブロー

　1970年代、ブラシとハンドドライヤーで仕上げるブローが普及し始めます。日本でも、家庭向けにハンドドライヤーやくるくるドライヤーが発売されました。当時は、まっすぐにする、フロントやサイドのレイヤーを流して仕上げるなど、しっかりホールドして形を決めるためにブラシブローが行われました。

　ドライヤーは乾かして髪の形をつくるために使うのですが、初期のドライヤーは風量が弱く、熱をかけている感覚で使われていたかもしれません。熱による傷みが懸念されるようになりました。その後、乾き際に形が決まるということが経験され、ブラシは乾き際や仕上げ時に使うようになっていきます。

　1990年代半ば以降、ハンドブローやノンブローでざっくり乾かし、ワックスで仕上げる方法が美容室から広まりました。

　2000年頃から、家庭用ドライヤーも風量が大きい製品が増え、効率的に乾き、髪に熱が留まりにくくなりました。乾燥途中の髪の温度はせいぜい60-70℃で、熱による傷みはほとんど心配いりません。

　また、カット技術で全体の形をつくって上手に乾かすことで、頭の形に添った丸みや毛先を内巻きにまとめるように美容師が提案するようになりました。ブラシは髪をホールドし毛流れをきれいにする目的で使われています。

　　　　　　　　　　　　　（参照：P67　表面や毛先をきれいに仕上げるコツ
　　　　　　　　　　　　　　　　P70-71　スタイリング時のダメージ
　　　　　　　　　　　　　　　　P86-87　近年のヘアスタイルの歴史）

・アイロン・コテ

　19世紀、石油ランプでカールアイロンを熱して毛髪にウェーブをつけていたといわれています。

　1872年、毛髪を熱した棒に巻きつけて、ちょうつがいのついた器具で押さえる方法を発明（マルセルウェーブ）、日本でも1920年代にマルセル・ウェーブを用いたヘアスタイルが見られます。

　近年では、1990年代半ば頃、ストレートアイロンから普及期に入りました。2000年前半から髪が長くなるにつれ、カールアイロンも多く使われるようになり、巻き髪スタイルやボブの内巻きワンカールスタイルで使われるようになりました。

　アイロン・コテも水素結合を利用して形を整えます。

　加熱することにより、髪が柔らかくなり、水素結合が動きやすくなります。この状態で、毛流れをそろえ形を整えて水素結合をつくって保つというしくみです。このことはあまり知られていません。

　高温加熱の繰り返しで傷むだけでなく、短時間で済まそうとするあまり、朝の寝ぐせ直しにいきなりアイロンを使い、毛流れが乱れたままアイロンで形を整えようと無理に引っ張ったり繰り返しこすったりなど、使い方による傷みの進行もかなり見られます。

　　　　　　　　（参照：P70-71　スタイリング時のダメージ
　　　　　　　　　　　　P72-73　アイロンの上手な使い方）

081

▶ スタイリング剤

　1970年代、家庭で使われているスタイリング剤といえば、ヘアクリームやヘアスプレーでした。ヘアスプレーは、家庭向け専用に、ごわつかず使いやすく調整したものが発売されました。

ブローやスタイリング剤できちんと形をつくる時代

　1980年代、レイヤースタイルでブローが広まった時代、ヘアウォーター（ポンプディスペンサータイプのブロースタイリング剤）や泡状製品（フォーム、ムース）が家庭向けに発売され普及しました。泡状製品には、ヘアクリームよりも伸びが良くべたつかないトリートメントタイプ、ポリマーのセット力で形を整えやすくキープするものなどがありました。1980年代後半には、ウェーブヘア用が発売され、泡状製品の最盛期となりました。ヘアスプレーやミストといった、より強いセット保持力を持つ仕上げ用の製品が、前髪用やまとめ髪用に多く使われました。

　日本人は比較的毛量が多いので、毛量をあまり調節していない時代は、髪と髪の間を接着するなどしてボリュームを抑えたり、形をキープする役割が重視されました。

ラフなヘアスタイルをワックスで仕上げる

　1990年代後半、ウォーターで濡らしてリセットし、ラフに乾かし、ワックスで毛束を作って仕上げるという方法が定着しました。カットで毛先を削いだヘアスタイルや束感の仕上げ用として、ワックスが美容室用製品から家庭用製品に広まりました。トリガータイプのウォーターも、この頃に発売されました。ワックスの粘着セットがヘアスタイルを柔らかい感じに仕上げることが受け入れられました。

カラーリング普及によるトリートメント重視へ

　2000年代は、カラーリングが普及し、髪のコンディションを整えることが重視されて、洗い流さないトリートメントが使われるようになり、ウォーター/ミルク/オイル剤型でラインナップされるようになりました。2010年以降天然由来オイルの人気もあり、洗い流さないトリートメントの使用率は、洗い流すトリートメントと同等になりました。

　ヘアスタイルをキープする剤としては、現在はヘアスプレーとワックスが使われています。ワックスは2000年代全盛でしたが使用率が減少しています。

　ヘアスタイルに合ったセット性を持ち、なるべく自然で心地良い感触というバランスが好まれ、素材や製剤の研究開発が進み、洗練されてきています。

▶ 近年のヘアスタイルの歴史

●1950年代

ヘップバーンカットやセシールカットなどのショートヘア、また、コールドパーマの普及によってフェザーカールなど、海外女優のヘアスタイルが流行しました。

電髪からコールドパーマの時代になりました。

●1960年代

ヴィダル・サスーンによって、ハサミ（シザー）で形づくるヘアスタイルが提案され、カットでヘアスタイルをつくる時代が始まったといわれています。

●1970年代

ウルフやサーファーカットといった外側に段差をつけたレイヤースタイルが登場しました。

ブラシとドライヤーで仕上げるブローが普及し、日本ではくるくるドライヤーが発売されました。

家庭用のヘアスプレーが発売されました。

●1980年代

　ワンレングスの時代でブローの普及期。毛流れをそろえつつ、ストレート・カールなど髪の形をつくってまとめていました。ストレートやレイヤー部分は、ブラシでブローしていました。

　1980年代後半〜1990年代前半、ワンレングスで長くし前髪をポイントにするスタイルが流行。細かいウェーブパーマでフォーム剤を塗布して自然乾燥仕上げのソバージュや前髪パーマも盛んでした。前髪やウェーブをキープするために、セット保持力の高いスタイリング剤が重宝されました。

ヘアスタイル	毛流れや形をしっかりつくるようになった ・レイヤーパーマブロースタイル（聖子ちゃんスタイル） ・ワンレンロング、ウェービースタイル ・前髪を立ち上げたり流したりして、しっかりつくりキープ
仕上げ方	・ブラシブローで乾かしながら形づける ・濡れているときのウェーブをフォームでキープする ・前髪の形をスプレーやミストでキープする
その他 関連事項	・ドライヤー普及 ・家庭向けのさまざまなスタイリング剤が開発された

●1990年代

　外国人風にヘアスタイルに軽さをねらい、毛先を削いだシャギーやコンビネーションレイヤースタイルが美容師から提案されました。ウォーターで濡らしてラフに乾かし、ワックスで毛束をつくり、まとめたり動きを出したりする仕上げ方が普及しました。

　軽く見せる嗜好は髪色にもおよび、ヘアカラーが普及しました。

	1990年代〜
ヘアスタイル	：毛先を削いで毛量調節をするスタイル 無造作な仕上がり ・シャギー ・コンビネーションレイヤー
仕上げ方	・きっちりつくりこみすぎない、無造作な仕上がり 　ノンブローやハンドブロー後、ワックス仕上げが定着 　スタイリング剤：ウォーター、ワックス
その他 関連事項	・カリスマ美容師の活躍が始まる ・ヘアカラー普及期

●2000年代

　小顔効果をねらって、カットで頭の丸みを出し、毛先は削いだスタイル（ソフトウルフ、マッシュウルフ）が提案され流行しました。2003年頃から髪が長くなり、カラーリングダメージが意識され、洗い流さないトリートメントが使われるようになります。高温アイロンを使った縮毛矯正やデジタルパーマが登場しました。

●2010年代

　2000年代後半から、髪色の明るさを抑え、表面の段差を見えないようにカットすることで、髪をきれいに見せる方向に。内側を毛量調整し、ワンレングス風のスタイルになり、ボブが流行しました。
　この後、以前のように多くの人が同じヘアスタイルにするという流行は見られません。個人個人の似合わせに興味が向くようになっています。

2000年代〜

ヘアスタイル	：頭に丸みがあり、毛先を削いだスタイル ロング化に伴い、巻き髪スタイルが普及 ・ウルフレイヤー、マッシュレイヤー ・巻き髪スタイル ・フルバング、斜め前髪
仕上げ方	・ハンドブロー〜ブラシブロー ・洗い流さないトリートメント普及
その他 関連事項	・ダメージケア＋美髪意識に ・40代までロング化 ・法改正により加温式パーマ、化粧品セット料実施 ・アイロン普及

2010年ごろ〜

ヘアスタイル	：髪表面を美しく見せるために、表面を伸ばし、 毛先の量感を豊かにし、まとまりやすいワンレングス風に ・ボブのバリエーション ・ワンレングス風ロングストレート ・女らしいさわやかなショート
仕上げ方	・ハンドブロー〜ブラシブロー ・オイル人気
その他 関連事項	・落ち着いた明るさの髪色嗜好に ・新しい技術のパーマ・セット料普及期に

Q&A ◆◆◆ スタイリング編

- Q. 外出時の手直しの上手な方法は？
- Q. 自然乾燥とドライヤー、どっちがいいの？
- Q. 梅雨時のスタイリングのポイントは？
- Q. 乾燥した季節・環境のスタイリングのポイント
- Q. 冷風を使った方がいいの？
- Q. さらさらのストレートヘアにするには？
- Q. ツヤツヤにするには？
- Q. パサつきを防ぐには？

Q. 外出先の手直しの上手な方法は？

トイレに入ってついつい、水のついた手で直してしまう…これはNG！ますますくずれる原因になってしまいます。

●絡まりをほどく
　ブラシでとかすと、手グシで整えるよりも密に整えられて表面が落ち着きます。ブラシが素直に通らないときは、すべりを良くする剤を少量使いましょう。濡らしすぎないのがポイントです。

●スプレー等で整える
　髪の内側に軽くスプレーして、手グシまたはブラシで整えた後、表面から髪全体に薄くスプレーすると、スタイルが長持ちします。ヘアスプレーはソフト〜ナチュラルハードタイプがおすすめ。

●手直し用便利グッズ紹介
・お直し用シート
　シートにはスタイリング成分と少量の水分が含まれています。シートを広げ毛束を包んで手グシを通すように髪全体になじませます。水分が髪の乱れを直しやすくし、スタイリング成分が整えた状態でキープします。水分が少量なので、自然乾燥で整います。

Q. 自然乾燥とドライヤー、どっちがいいの？

　自然乾燥でも、髪全体が乾いたときに、髪の流れが整ってヘアスタイルがまとまる人は、それで OK。
　多くの人は、表面や毛先が先に乾いてスタイルが決まらず、毛流れがそろわないまま乾き（＝パサつき）、結局手直しをしなければなりません。そうならないよう、髪の流れを整えながら、ドライヤーを使って、根元から毛先に向かって乾かすことをおすすめします。　　　（参照：P64　髪の乾かし方）

Q. 梅雨時のスタイリングのポイントは？

　梅雨にヘアスタイルがくずれやすいのは、乾かした後で湿度が上がって、空気中の水分が髪に浸入し、水素結合が切れて、形が変わりやすく髪のくせが出るためです。基本のスタイリングで乾かした後、スタイリング剤を活用してキープしましょう。

ポイント1.
　髪全体をまんべんなくしっかり乾かして、水素結合をしっかりつくります。気温も高く、汗をかきやすい季節なので、冷風や空気（自然乾燥）を利用しながら根元から乾かしましょう。　　　（参照：P64　髪の乾かし方）
　温風で乾かした後に冷風でさまして仕上げます（P67、90参照）。仕上がったら、根元から毛先まで髪全体に手を入れて、乾いているか、温まったままでないかをチェックしましょう。

ポイント2.
　仕上げたスタイルを保つため、ヘアスプレーなどの湿度に強いスタイル保持成分を含むスタイリング剤を塗布します。　　　（参照：P68、P74）
　髪を束にした状態でキープすると、内側の毛髪への水分の浸入も抑えられます。

ポイント3.
　湿気によって乱れた場合に、仕上げたスタイルとの差が小さくなるようにします。
・毛流れが整いやすいよう、ストレートパーマ、縮毛矯正、あるいはウェーブパーマスタイルにします。
・束ねたり、まとめたりします。
・ジェルなどを使った、ウェットでくずれないスタイルにします。

Q. 乾燥した季節・環境のスタイリングのポイント

髪質がパサつきやすい、空気が乾燥しているからパサつく、パサついたらうるおいを補給すればいい…と考えがちです。乾燥している季節や環境でのパサつきは、実は乾燥しやすい毛先や表面が先に乾いてしまい、根元や内側がしっかり乾いていないで乱れることが多いのです。

（参照：P60　ヘアスタイルが乱れるのは？）

ポイント1.
根元から全体をしっかり乾かすことで、ほぼ防ぐことができます。
冬の季節に、乾かし方をマスターしておくと、梅雨～夏の高湿でヘアスタイルの乱れやすい季節にも役立ちますよ。

（参照：P64　髪の乾かし方）

ポイント2.
気温が低く、乾燥した環境では、静電気が起きて、指やブラシの通りが悪くなり、髪に力がかかりやすい状態になりがちですから、髪のなめらかさを確保しておくことが大切です。シャンプー後のコンディションによってコンディショナー・トリートメント、乾かす際や乾燥後にきしんだり絡まりやすい場合は、洗い流さないトリートメントや髪質・ヘアスタイルに対応したスタイリング剤を使用しましょう。ごく薄く、なるべくムラにならないようにつけるのが、効果的に使うポイントです。

（参照：P29　静電気対策）

Q. 冷風を使った方がいいの？

しっかり乾かした後、ドライヤーの熱で髪が温まっている場合は、仕上がりの髪を整えながら冷風を使うと持ちが良くなります。
アイロンでカールをつくった場合も手の上に載せて冷めるのを待つと持ちが良くなります。

（参照：P67）

Q. さらさらのストレートヘアにするには？

　毛流れがそろい指通りが良くきちんと乾いていて、動いても毛流れが元に戻りやすい状態に整えましょう。
　まず、ヘアケア剤で毛先までなめらかで指通りの良い状態にし、根元が濡れた状態から毛流れをそろえるようにして毛先まできちんと乾かしましょう。　　　　　　　　　　　　　　　　　　（参照：P63-67　髪の乾かし方）

Q. ツヤツヤにするには？

　つやの要素の１つは、髪の流れがそろっていること。
　　　　　　　　　　　　　（参照：P12　つやが損なわれるのは？）
　くせやうねり毛があったり、少し傷んでいても毛流れをそろえてちゃんと乾かすとつややかに仕上がります。
　頭に沿った部分の根元をしっかり乾かしてから毛流れをそろえるようにして乾かすと、きれいにそろいます。　　　　（参照：P64　髪の乾かし方）
　毛先までなめらかな状態にしておいて整えましょう。
　乾く間際に表面をワンランクきれいに整えるコツも参考にして。
　　　　　　　　　　　　　　　　　　　　　　　　　　　（参照：P67）

Q. パサつきを防ぐには？

　パサつきは、毛流れがバラバラな状態。　（参照：P14-15　パサつきとは）
　根元をしっかり乾かして、毛流れをそろえてちゃんと乾かせば、パサつきを防げます。毛流れがバラバラな状態になりやすい部分をそろえる意識が大切。さらさらのストレートヘアを参考に。　　　（参照：P64　髪の乾かし方）
　髪が傷んでいると毛流れを整えにくいので、傷めないことも大切。毛先までなめらかな状態にしておけるヘアケア製品選びが大切。

カラーリングって？

髪を染めることを（ヘア）カラーリングといいます。
ヘアカラーリング剤には、下図のようにさまざまな種類があり、主に使われているものとして、以下の3グループがあります。
- **永久染毛剤**：ヘアカラー、ブリーチ
- **半永久染毛料**：ヘアマニキュア、ヘアカラートリートメント
- **一時染毛料**：ヘアマスカラなど

P94-95にこれらの特徴をまとめました。

日本では**ヘアカラー（酸化染毛剤）**が市場の8割以上を占めます。
ヘアカラーの染まるしくみや特徴を理解すると、他のカラーリング剤との違いもわかりやすく、使いこなしやすくなります。

カラーリング剤の種類

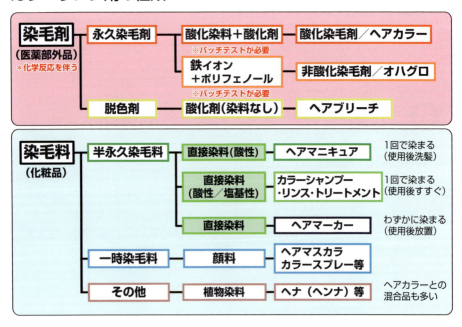

▶ ヘアカラー（酸化染毛剤）の特徴と染まるしくみ

ヘアカラー（酸化染毛剤）が多く使われている理由
・髪色を明るくすることができ、色のバリエーションが広いことと
・髪の内部で染料が重合して洗髪では洗い流れにくく、色持ちが良いことが挙げられます。

ヘアカラー（酸化染毛剤）の欠点
しかし、一方で、次のような欠点もあります。
・メラニンを分解し、染料を重合する酸化反応により、髪が傷む。
・染料によるかぶれなどのアレルギー症状を起こすことがあり、使用48時間前から直前までのパッチテストが必要。
・色持ちが良いため、髪が伸びた場合に、染めた部分と新しく生えてきた染めていない部分との段差が目立ちやすい。

ヘアカラー（酸化染毛剤）で染まるしくみを理解しよう
ヘアカラー（酸化染毛剤）は、単純に絵具のように染まるのではなく、下図のように2つの反応を同時に行っています。
・地毛のメラニンを酸化剤が分解し、脱色
・毛髪内で色素（の前駆体）を酸化剤が重合して発色

色素と酸化剤を混合すると反応が進みますので、2剤式になっています。また、白髪と黒髪で2つの反応が同様に進みます。　　　　（参照：P94-95）

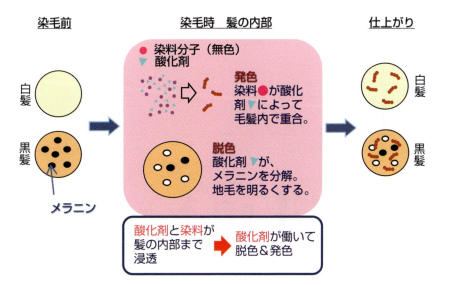

ヘアカラーリング剤の種類と特徴

タイプ種類	ヘアカラー（永久染毛剤） 医薬部外品
こんな人に	・しっかり染めたい ・髪色を変えて長持ちさせたい
メカニズム	・メラニン色素を分解して脱色すると同時に、染料が髪内部で化学反応を起こし、発色する 　　1剤（アルカリ剤と酸化染料）と 　　2剤（酸化剤）を混ぜて染める
仕上がり	・明るい髪色にも、暗い髪色にも染められ、色のバリエーションが豊富 ・白髪用は、白髪と黒髪がなじむ色に染まる
色持ち	・洗髪で色落ちしにくい ・染め直す目安は約1〜2ヵ月 　（髪が伸びると色の段差ができるため）
髪への影響	ヘアマニキュア、一時染毛料と比べて髪が傷みやすい
その他	パッチテストが必要
剤型／容器	←クリームタイプ→　　←液・ジェル・乳液状→ ←泡状→ チューブ　エアゾール　スクイズフォーマー　ノズル付きボトル　コーム付きボトル ポンプフォームシェイカー

094

半永久染毛料 化粧品			一時染毛料 化粧品
ヘアマニキュア	カラーシャンプー、リンス、 コンディショナー、トリートメント	一時染め	一時染め
・髪にダメージを与えずに染めたい ・白髪を目立たなくしたい		・一時的に髪色を変えたい ・一時的に白髪を隠したい	
・メラニン色素を分解（脱色）せず、 　発色している染料を表面付近に浸透 　させて染める			
酸性染料で染める	塩基性染料か、酸性染料で染める		顔料を髪表面に付着させ て色をつける
・髪色を明るくすることはできない ・白髪は染料の色に染まり、黒髪はニュアンスが変 　わる程度 白髪 ➡ ○ 黒髪 ➡ ●			・染めずに色をつける 白髪 ○ 黒髪 ➡ ●
・洗髪の度、徐々に色が落ちる ・汗や水で色落ちしやすい		・洗髪で落 ちる	・洗髪で落ちる
色持ち2〜3週間	週2〜3回使用が目安		
髪を傷めない			
皮膚が染まりや すいので、地肌 につけないよう にして注意して 染める必要があ る	同左		
	パッチテストが必要 な商品がある（一部 の塩基性染料）		
ジェル状泡 コーム付エア ゾール ※根元用	ボトル、チューブ	マーカー	マスカラ、スプレー

ヘアカラーリング剤の選び方と使い分け

◗ 染まるしくみ、種類

ヘアカラー	：髪色を変えて長持ちさせたい、白髪をしっかり染めたい方におすすめ。
ヘアマニキュア	：短期間だけ髪色を変えたい、初めてカラーリングする、白髪を自然に目立たなくさせたい方におすすめ。
一時染め	：洗髪するまで一時的に髪色を変えたい、白髪を隠したい場合におすすめ。

（参照：P94～95）

◗ 髪のダメージ対策のための使い分け、併用

　ヘアカラー（酸化染毛剤）は、色持ちが良いため多く使われますが、同じ部位を繰り返し染めるとダメージが進みます。
　ヘアカラーをして1週間～1ヵ月で、根元の白髪、色あせが気になったら、ヘアカラーの部分染めあるいはヘアマニキュアなどを使うことをおすすめします。

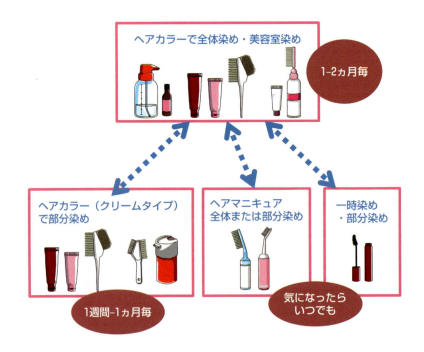

（効果）　●全体染めを繰り返すよりも、毛先の傷みが軽減します。
　　　　　●傷んだ毛先の染まりすぎ、色抜けを防ぎます。

（ケーススタディ）
　①新生部の白髪が気になったら
　　　・ヘアカラーで部分染め（リタッチ）をする
　　　・ヘアマニキュアで部分染めをする
　②出かける前や外出先で白髪を隠したいとき
　　　・一時染めで染める
　③色ムラを整えたい、髪色を変えたい
　　　・ヘアマニキュアで全体（表面）を染める

　部分染めを繰り返すと、髪全体の色にばらつきが出てくるので、3回に1回くらいは全体を染めて、髪色を整えましょう。

▶ **ヘアカラーの部分染め（リタッチ）方法**

①新しく生えた部分に
　ヘアカラー剤をつけます。

 10分放置

②ヘアカラー剤を粗めのクシでとかして、
　染めていない部分に剤を伸ばし、
　境目をぼかします。

 5分放置

③洗い流し、シャンプー・リンスをして
　仕上げます。

ヘアカラー（酸化染毛剤）の選び方

▶ 白髪用・黒髪用

白髪が気になることが染める動機なら、「白髪用」を選びましょう。

白髪用と黒髪用の違い

染まるしくみは同じですが、白髪用は、黒髪と白髪を同時に染めて、黒髪と白髪がなじむ色に染まるよう設計されています。黒髪用より、彩度・色相・明度の範囲が限定されます。黒髪用は、白髪が染まる色を気にする必要がないため、幅広い色味に設計できます。

白髪用・黒髪用という分類は、黒髪民族の日本特有のものです。欧米のブランドにはありません。

白髪用・黒髪用の変遷

もともと白髪を黒く染める目的だったため染料を多く含み、黒髪用は明るい髪色に染める目的でブリーチ力が高く設計されていました。黒髪用をおしゃれ染め、ブリーチ＆カラーと呼んでいたのもそのためです。

現在の白髪用は、白髪のない年齢からカラーリングを楽しんできた人向けに、髪全体を地毛より明るい色にして、白髪を目立たなくできるよう、明るさや色味の種類が増えています。

▶ 剤型・容器

部分的に染めるリタッチか、全体を染めるかでまず選びましょう。
次ページの図を参考に選ぶと良いでしょう。

▶ 色（明るさ・色味）

（参照：P100　ヘアカラーの色選び）

剤型	クリーム		ジェル・乳液・液		泡	
容器形状	チューブ	エアゾール	コーム付ボトル	ノズル付ボトル	スクイズフォーマー	シェーカー
特徴	●クリーム：染めたい部分をクリームがしっかりおおうので、生え際や根元、短い髪をしっかり染めるのに向いている ●エアゾール：ワンプッシュで2液を同時にブラシに出して手軽に染められる ●小分けして使え、取り置きできる		髪全体に伸ばしやすい ●ジェル：髪に密着して伸ばしやすい ●乳液：クリームより伸ばしやすい ●コーム付：とかす感覚で髪に広げられる ●ノズル付：ねらったところにつけたり、広い部分はZ字を描いたり手に取って塗布する		●広げやすく、髪の間に入り込みやすい ●手に取って髪全体に手早くつけやすい	
おすすめ	●生え際や根元など、新しく生えてきた部分を中心に染めたい ●部分的にある白髪を染めたい ●ショートヘアの髪全体を染めたい		●髪全体を手早く染めたい		●髪全体をブロッキングをせずに、手早く染めたい	

容器・剤型：自分で簡単にきれいに染められる工夫

　自分で直接見えないところもきれいに染められるよう、ホームヘアカラー向けに、剤型がいろいろ工夫されています。

●泡カラー（ヘアカラー）
　手で簡単に染められ、髪と髪の間に入って髪全体に行き渡らせやすい剤型として、2007年に発売。2017年には家庭用の黒髪用ヘアカラーの60％、白髪用の20％を占めています。

●クシ付容器（ヘアカラー）
　とかす感覚で根元から毛先に向かって塗布できる容器として、ヘアカラー初心者や長めの髪の人向けに開発されました。

●エアゾール一体型容器（ヘアカラー）
　1剤と2剤が別々の容器から、ノズルで同時に噴射されます。混ぜないで使い始められる手軽さが人気です。

●クシ付容器（ヘアマニキュア）
　もともと、チューブクリームタイプで開発されたものですが、頭皮につかないように染める必要があることから、クシ歯の途中から吐出するエアゾール容器が開発されました。日本では家庭用の主流となっています。

ヘアカラーの色選び

▶ **色選びの基本**

（1） 現在の髪色の明るさを確認し、カラーリング後の明るさを設定する
（2） 色味を選ぶ

製品の色表示例

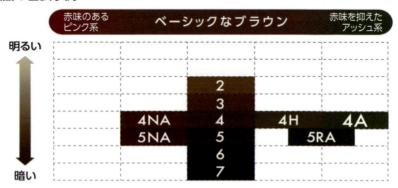

色番号

日本メーカーと海外メーカーの番号の付け方は異なります。
　メーカーやブランドで若干違いますが、およその目安は下表の通りです。

日本メーカー	1	2	3	4	5	6	7
海外メーカー		9	8	7	6	5	4

明るい ←――――――――→ 暗い

白髪を目立たなくする場合

- **●現在の髪色の明るさ、色味を確認する**

    耳上あたりの髪色の明るさが何番に近いか確認しましょう。
    ・購入したい製品の箱の記載（例：下図）や店頭の毛束見本を参考にしましょう。

- **●明るさを選ぶ**

    下図を参考に、白髪を隠したい程度と、仕上がりの印象を考慮して選びます。繰り返し染めた場合の段差による色ムラを避けるために、現在の髪色の±1番以内の明るさを選びましょう。

    より明るくしたい場合や暗くしたい場合は、髪色を確認しながら少しずつ変えましょう。

- **●色味を選ぶ**

    今の色味に赤味をプラスするか、赤味を抑えるかを判断して選ぶとわかりやすいでしょう。

    （参照：P104）

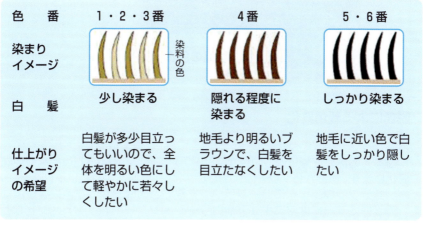

（色番は日本メーカーのブランド）

白髪が多いと明るめに仕上がります

暗い色味（5番以上）で繰り返し染めると
　暗めの色（白髪用の5・6番、髪色戻しの黒）は色素量が多いので、繰り返し染めると髪に蓄積して、不自然な黒い色になっていくことがあります。
　髪が暗くなりすぎたと感じたら、いつも使っている色より1番明るい色（4番）を使い、明るさを調節しましょう。

黒髪の色を変える場合

（1） 現在の髪色の明るさ、色味を確認する

　　ヘアカラー製品の「染める前」の色見本を参考に、耳上あたりの髪の明るさを確認します。

（2） 明るさ・色味を選ぶ

　　繰り返し染めた場合の段差による色ムラを避けるために、現在の髪色の±1番以内の明るさを選びましょう。

　　より明るくしたい場合や暗くしたい場合は、髪色を確認しながら少しずつ変えましょう。

　　自分の髪色がどう仕上がるか、表示を参考に色を選びます。

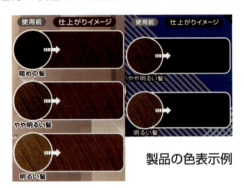

製品の色表示例

脱色による髪色変化

メラニンを脱色すると、明るさだけでなく色味も変化します

　日本人の黒髪を繰り返し脱色（ブリーチ）すると、明るさだけでなく色味も変化します。黒髪からグレーになるのではなく、赤味を帯びたレッドブラウン・オレンジブラウン・イエローブラウンを経て、黄味がかった色になります。

　真っ白にするにはマニキュアやカラーシャンプー・トリートメントなどで薄く紫を入れます。　　　　　　　　　　　　　　　　　　　（参照：P104）

黒髪でもメラニンの構成は人それぞれ

　真っ黒で太い毛髪の人の場合、ブリーチを2〜3回したくらいの明るさで、赤味が出やすい場合があります。赤味が出ずに、イエローブラウンになる人もいます。このように、もともとは同じように見える黒髪でも、メラニンの構成やブリーチされやすさには個人差があり、染めた後の髪色が異なります。

　したがって、同じ色のヘアカラーを使っても全く同じ色になるとは限りません。

ブリーチでは、メラニンだけが分解脱色されます

　ヘアカラーの色素は脱色されにくいので、蓄積しやすい。

　ヘアカラーの髪色戻し、黒染めを行うと、次に使うカラーリング剤の色は反映されません。

黒染めをしていると、次のヘアカラーで色見本通りには染まりません。

　ヘアカラー由来の色素（染料）量が多く、この色素はヘアカラーやブリーチでは脱色しにくいからです。
　１回で全体を明るくしようとすると、ムラになります（逆プリン/下図）。

プリンと逆プリン

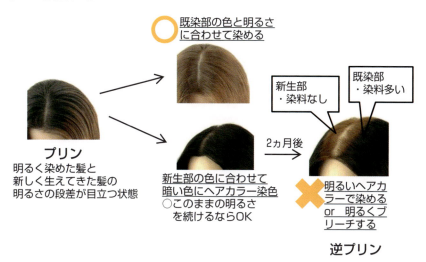

色味を選ぶ

肌の色との関係

　髪の色は、肌の色に色味を添えたり、つややかさやくすみをカバーする役割を果たします。
　肌色をきれいに見せる色味を見つけましょう。

赤味のある色：肌の血色を良く、華やか・元気・若々しい感じに見せる。
赤味を抑えた明るめの色：上品で、自然、軽やかに見せる。色白の肌がより強調されて見える。

肌の白さが際立つ　　　　肌が赤味を帯びて見える

肌色よりも鮮やかすぎる色は、肌がくすんで見える傾向

　彩度の異なる色が影響し合い、鮮やかさが変わって見えること（彩度対比）。
　　鮮やかな（彩度の高い）色はより鮮やかに
　　彩度の低い色はより鈍くくすんで見える

＊顔色は同じで
左：顔色の方が鮮やか
右：髪色の方が鮮やか

肌がくすんで見える

髪色を調整する色

紫味（赤紫・青紫・ピンク系）
　…黄味を抑え、傷んだ髪にうるおい感を
　　補い、きれいに見せる
　…金髪の黄味を抑える
緑味…赤味を抑える

紫は黄味を抑える

緑味は赤味を抑える

思いもよらない色になる例

　かなり明るい髪色をアッシュ（灰）系で染めて緑っぽい色になる場合があります。アッシュにかなり青味が入っている場合、金髪の黄味で緑っぽくなるためです。

カラーリングの歴史

▶ 酸化染毛剤以前のカラーリング

　カラーリングの歴史は古く、海外では、5,000年以上前の記述が見つかっています。西洋では、白髪を隠すなど美容目的だけではなく、宗教、魔よけ、豊作祈願などの目的もあったようです。

紀元前3000年 〜3500年	ヘンナによる染毛（エジプト） 茶の葉の抽出物と鉄で黒く染毛（支那）
紀元前350年	ブロンド化粧水（ギリシャ） ミョウバン、生石灰、天然ソーダ等に古いブドウ酒を加える
紀元前150年	羊の脂とブナの灰

日本では、12世紀から白髪を黒く染めているという記述が見られます。

12世紀	鉱物性の無機顔料（源平盛衰記、平家物語）
江戸時代	・黒色のびんつけ油…つやを与えて白髪を目立たなくする （以下、都風俗化粧伝より） ・くるみ、クワの白木根、ザクロの皮などを煎じるなどして塗る ・エンジュの実、黒ゴマの加工品を食す
明治時代	・おはぐろを利用した、タンニン酸と鉄分で、10時間

▶ 酸化染毛剤の登場

18世紀末〜19世紀初めにピロガロールや過酸化水素が発見され、天然染料の合成が行われ、有機合成染料による繊維染色が行われるようになりました。1863年パラフェニレンジアミンが発見され、1983年パラフェニレンジアミンと過酸化水素との組み合わせによる染色特許が提出され、頭髪にも応用されていきます。

日本では、1907年（明治40年）頃、パラフェニレンジアミンを用いた空気酸化型、1910年に過酸化水素による２剤式染毛剤が発売されています。

その後、剤型が工夫され、1957年に発売された粉末１剤式、1965年以降に液状タイプ、1970年代にクリームタイプ、1985年頃２剤式のクリーム／液状タイプが発売され、これらが改良発展して現在に至っています。２剤式液状タイプが発売された頃、髪色を黒く、暗くする白髪染めだけでなく、黒髪を褐色・栗色など明るく染めるおしゃれ染めも登場しました。

1965〜75年頃、シャンプー式ヘアカラーが発売され、一時ホームヘアカラー（主に白髪染め）が盛んになりましたが、髪の傷みと褪色後の赤味が嫌われヘアカラー離れが起きました。

1883年	フランスでパラフェニレンジアミンと過酸化水素による２剤酸化型染色特許、ヘアカラーにも応用されるようになる
1907年頃	日本初の空気酸化型染毛剤（千代ぬれ羽/服部松栄堂、２時間放置）発売
1909年	液体１剤式酸化染毛剤（二羽からす/水野商店）発売
1911年	日本初の過酸化水素を用いた２剤式染毛剤（ナイス/丹平商会、20-30分放置）発売
1920-35年	３剤式染毛剤（第１剤：染料粉末、第２剤：糊剤、第３剤：過酸化水素）発売（るり羽/山発産業、元禄/朋友商会など）
1957年	粉末１剤式白髪染め（パオン、ビゲン）
1970年頃	シャンプー式ヘアカラー（フェミニン、ビゲン）
1980年	アメリカでヘアマニキュア発売
1985年頃	２剤式ヘアカラー（クリーム／液状）発売（ビゲンクリームトーン、フェミニン、花王など）

▶ 髪色を変える、明るくするニーズの拡大

　1990年代初め、家庭用の白髪用ヘアカラーリンスが発売されヒットした後、より染まり・持ちが良いヘアマニキュアが取って代わります。ヘアマニキュアを使いやすく皮膚着色しにくくしたクシ付エアゾール容器で発売したことで、日本の家庭用ヘアマニキュアはこの容器が定着しています。

　1993年開幕したJリーグの選手の影響などにより、茶髪など黒髪を明るく変える魅力に火がつきます。ブリーチの使用率が増加し、黒髪向けにも鮮やかな色のヘアマニキュアが発売されました。さらにブリーチ力の高い色持ちの良いヘアカラー（酸化染毛剤）に使用が移り、カラーリング率が増大しました。

　白髪染めも、白髪を単に黒くするだけでなく、黒髪の色も変えられ持ちが良いヘアカラーの使用率が増えます。以前（1975年頃）は髪の傷みや色不満によりヘアカラー離れを起こしましたが、カラーリングの魅力や髪の傷み対策などについて美容師から提案・アドバイスが積極的に行われ、魅力的な芸能人アイコンなどにより、ヘアカラーで染める割合が拡大しました。

　この頃、ウィービングやメッシュといった部分染めなどが提案されました。「茶髪」「アムラー」という流行語がこの時代を反映しています。

1991年	ヘアカラーリンス（資生堂）発売
1993年	クシ付容器のヘアマニキュア（ブローネ/花王）発売
1995年	ブリーチの使用率拡大、「茶髪」一般語に
1997年	ヘアカラーの新ブランド（ビューティラボ、シエロ/ホーユーなど）発売。ホームヘアカラー拡大
1999年	カラーリング率増大、ヘアカラー市場拡大 ・はっきり明るくする ・全体を明るい色に染める白髪染め

▶ カラーリング習慣の定着と容器開発

1990年代後半から、自宅でも簡単に染められる剤型が盛んに開発されています。クシ付でとかすようにして染められる容器、エアゾール容器、また液状タイプは液ダレしにくい乳液タイプやジェルタイプになりました。2007年発売された泡カラーによって、2000年代後半、自宅染めの割合が増加しました。

1990年代初め、首都圏女性の白髪染め率は40％程度でしたが、2005年には、20代以上の6ヵ月間のカラーリング率は60〜80％になりました。

▶ ダメージ意識の高まり

ヘアカラー（酸化染毛剤）使用が増え、アイロンを用いた縮毛矯正が行われるようになり、髪を伸ばす人が増えたことにより、2002年頃から髪が傷んでいるという意識が高まります。

トリートメントの使用が増加し、家庭用ヘアカラー（酸化染毛剤）にはダメージケア技術やニオイ低減技術が導入されるようになりました。傷んで見えない単色でムラのない髪色が好まれました。

> ### ヘアカラーのダメージ低減技術
>
> ヘアカラーの場合、施術直後のシャンプー時に最もキューティクルが傷みやすく、きしむことがわかり、施術直後に守る技術が開発されるようになりました。
>
> ホームカラー製品に、トリートメントが添付されるようになったのもこの頃です。
>
> ### ニオイ低減技術
>
> アンモニアは、揮発して残留性が少ないためアルカリ剤として使われていますが、揮発性ゆえにその刺激臭が気になります。効果的に働かせたり、代替アルカリを用いたり、マスキング・香料など、刺激臭を減らす技術が開発されています。

2004年頃、金髪より少し暗い程度の明るい髪色が多く見られました。その後、徐々に暗くなり、地毛よりも少し明るいくらいの髪色が多くなります。リタッチがしやすくきれいに保ちやすいことから、単色でムラのない髪色が好まれる状態が続きました。

2013年黒髪（暗めの髪色）が嗜好され、より地毛に近い色に染める人が増え、10〜20代初めのカラーリング頻度が減少しました。30代以上では、この黒髪ブーム時でもカラーリング率はほとんど減少しませんでした。

職業によっては、髪色の規定が厳しく、接客業ではかなり暗い色までしか許されていないことが多いようです。

2000-1年	ダメージケア、ニオイ低減ヘアカラー （ブローネ薫りヘアカラー/花王、ビゲン香りカラー/ホーユー）
2003年	髪の傷み意識高まり、極端に明るい髪色（11レベル以上）が減少し、トリートメント（洗い流す＆流さない）使用率増大
2005年	落ち着いた明るさ（7-8レベル）、つや重視のブラウンに（ビューティラボダークトーンカラー/ホーユー）
2007年	泡カラー（プリティア/花王）発売。2008年には白髪用（ブローネ/花王）発売。 2009年以降、各社から発売され、ホームカラーが盛んになった
2011年	サロンカラーリングの単価が低下し、サロンカラーの割合が増加し始める
2013年	黒髪（暗めの髪色）嗜好
2014年	通販のヘアカラートリートメント人気始まり
2015-7年	アッシュ系の髪色人気に

▶ 髪色のバリエーションが広がる時代に

　黒髪ブームの後、サロンからさまざまな髪色を楽しむ提案がされています。
　たとえば、金髪に近い髪色、毛先など部分的にブリーチして染めるグラデーション・メッシュ・バレイヤージュ、そしてアッシュ系のパステルカラーなど。
　2015年から、明るめアッシュ系パステルカラーを提案したブランドが人気となり、多くの業務品ブランドで髪色バリエーションが広がりました。

　ヘアカラーが定着してから、髪を明るくするだけでなく色味により興味が持たれるようになり、製品の色味の開発もされています。
　白髪を染める目的のカラーリング剤も、さまざまな種類を使いこなして髪色をメンテナンスしたり、暗くするだけでない染め方の提案ももっと増えることでしょう。

Q&A ◆◆◆ カラーリング

Q. ヘアカラー（酸化染毛剤）の皮膚試験（パッチテスト）は毎回必要？
Q. 美容院のカラーリングと市販のカラーリングは何が違うのですか？
Q. ヘアカラー（酸化染毛剤）の女性用と男性用はどう違うの？
Q. 黒染め、髪色戻しって？
Q. 染毛前にスタイリング剤がついていても大丈夫？
Q. ヘアカラー、ヘアマニキュアを乾いた髪に塗布するのはなぜ？
Q. ヘアカラー（酸化染毛剤）で放置時間が長すぎたら染まりすぎますか？
Q. 色味がすぐに抜けるのですが…
Q. 傷んでいる部分が強く染まってしまうのですが…
Q. 色持ち対策
Q. 染毛間隔
Q. ヘアカラーで思った色に染まらなかったら、すぐに染め直せるの？
Q. 黒染めしたら明るくできるの？
Q. パーマとヘアカラーの施術順
Q. 屋内と屋外で髪色が違って見えるのはなぜ？

Q. ヘアカラー（酸化染毛剤）の皮膚試験（パッチテスト）は毎回必要？

必要です。

　ヘアカラー（酸化染毛剤）は添付の使用説明書にしたがって正しく使用すれば、安心して使える製品ですが、体質、肌の状態によっては、かぶれを起こすことがあり、多くの場合、酸化染料が原因のアレルギー反応です。これまで問題なく使用してきた製品であっても、アレルギー反応はある日突然に起こることから、毎回必ずパッチテストをしてから使う必要があります。

Q. 美容院でのカラーリングと市販のカラーリングは何が違うのですか？

基本的に染めるしくみは同じです。染める性能に違いはありません。

　美容院のカラーリングは、前後のトリートメント処理を別に行ったり、色を混合するなどして行っています。

　ホームカラーは、自分で手軽にムラなく染められるように、剤型が工夫されていたり、色やトリートメント効果が、より多くの方に合うように設計されています。

Q. ヘアカラー（酸化染毛剤）の女性用と男性用は どう違うの？

　男性用と女性用で基本的な成分に違いはなく、**染まるしくみも同じです。**
主な違いは、色の種類と内容量です。
◆男性と女性では髪色の好みが違うので、色ぞろえが異なります。
◆髪の長さの違いを考慮して、男性用の方が内容量が少なめになっていることが多い。
◆付属の手袋は男性用の方が大きめ。

Q. 黒染め、髪色戻しって？

　暗めの色に染める方法や製品はいろいろあります。
　　　　　　　　　　　　（参照：P100-104　ヘアカラーの色選び）
　現在の髪色を鑑み、**どのくらいの期間暗い髪色にするか**によって、カラーリング剤の種類や色を選びましょう。

◆染まるしくみ
　髪色戻しにもヘアカラータイプとヘアマニキュアタイプがあるブランドがあります。一般的に染料濃度が高い製品です。
　髪色戻しでなくても、染料の色・濃度で暗い色に染めることもできます。ヘアカラー、ヘアマニキュア、一時染めにそれぞれ暗い色に染められる色ぞろえがあります。

◆色持ち
　ヘアカラー、ヘアマニキュア、一時染めの目安の色持ちに準じます。ヘアカラーやヘアマニキュアの色持ちは、髪が傷んでいるほど短くなります。
　　　　　　　　　　　　　　　　　　　　　　　　　（参照：P94-95）
　特に髪色戻しのヘアカラーは、色持ちの表記があるものもありますが、一般的に染料濃度が高いため、短期間で明るい髪色にしたい場合には向いていません。　　　（参照：P114　黒染めしたら明るくできるの？）

Q. 染毛前にスタイリング剤がついていても大丈夫？

　少量の場合は大丈夫ですが、スタイリング剤がたくさんついていると、染まりが悪くなる場合がありますので、なるべくついていない状態で染めることをおすすめします。
　◆洗髪して乾燥してから染めた方がいい典型例
　　・ヘアスプレーやジェルなどで髪が束になって固まっている
　　・オイルがしっかりついている

Q. ヘアカラー、ヘアマニキュアを乾いた髪に塗布するのはなぜ？

　髪が濡れていると薬液が塗布されているかどうか見分けにくくなり、**ムラに染まる**原因になります。また、髪が濡れていると剤がたれて、**頭皮についたり目に入りやすい**ので、これを防ぎます。

Q. ヘアカラー（酸化染毛剤）で放置時間が長すぎたら染まりすぎますか？

　ヘアカラーの放置時間は、髪の中で染料が大きくなって目標の色に発色するまでの標準的な時間です。染料が大きくなる反応は一定以上は起こりませんが、放置時間が長すぎた場合は、脱色反応が進んで明るくなりすぎたり、色が強く出すぎたり、暗くなりすぎたりする可能性があります。

Q. 色味がすぐに抜けるのですが…

ヘアカラーで繰り返し染めるなどして髪が傷んでいると、染料が抜けやすい場合があります。
　日ごろの髪のお手入れや、カラーリング後のお手入れで、髪の傷みを進行させないことが大切です。また、部分染めを取り入れて、毛先部分などへのヘアカラー回数を抑えると、染まりすぎ、色抜け、傷みを軽減できます。

Q. 傷んでいる部分が強く染まってしまうのですが…

　傷んでいると、色素やその前駆体が入りやすくなっていて、ムラに濃く染まってしまう場合があります。これは**髪が傷んで染料が浸透しやすくなっているため**です。繰り返しヘアカラーで染めている毛先部分は剤を薄く塗布するようにします。かなり傷んでいる場合は、洗い流さないトリートメント（ウォータータイプ）を薄く塗布してから染めると、染まりすぎや傷みを防げます。

Q. 色持ち対策

①毛先まで**なめらかにお手入れ**できるヘアケア製品を選ぶ
　ヘアカラー（酸化染毛剤）で染めた後は、キューティクルどうしの結びつきが弱くなって小さい力で削れたり、はがれたりしやすくなっています。コンディショナー、トリートメントでなめらかで指通り良く仕上がる製品を選びましょう。
　キューティクルにかかる力を軽減し、キューティクルを守り、内部の成分の流出を抑えます。
②毛髪の膨潤を抑え、内部の色素や毛髪成分の流出を抑えるために、**中性～弱酸性のヘアケア製品**を選びましょう。多くのヘアケア製品は中性～弱酸性ですが、中にはアルカリ性のものもあります。

Q. 染毛間隔

　ヘアカラー（酸化染毛剤）は、髪の傷みを考慮して最低１週間以上あけましょう。

　１ヵ月以内の間隔で染める場合には、新生部や白髪の気になる部分のみを染めて、時々全体を染めて色を整えるようにしましょう。

　ヘアマニキュアは髪が傷みませんから、染毛間隔を気にせずに染めて大丈夫です。

Q. ヘアカラーで思った色に染まらなかったら、すぐに染め直せるの？

　ヘアカラーで染め直す場合は、髪の傷みを考慮して少なくとも１週間は間をあけましょう。ヘアマニキュアで染める場合は、すぐ染めることができます。

　明るい色に染めた髪を暗い色にすることはできますが、暗い色に染めた髪は、すぐに明るい色にすることはできません。ヘアカラーの染料は明るい色のヘアカラーやブリーチでは脱色できないからです。

（参照：P103　黒染めをしていると…）

Q. 黒染めしたら明るくできるの？

　ヘアカラーで黒染めした場合、すぐに明るい色にすることはできません。髪にヘアカラーの染料が高濃度入って染まっていて、明るい色のヘアカラーやブリーチでは脱色できないからです。この場合は、１ヵ月以上の間隔で、１段階（１番）ずつ明るい色で染めて少しずつ明るくしましょう。こうすることによって、ムラや逆プリンを防げます。美容室で脱染をお願いする方法もありますが、傷むリスクが伴います。

　ヘアマニキュアで暗い色に染めた場合は、洗髪で徐々に退色しますから、２〜３週間くらいで明るく染めることができるようになるでしょう。

Q. パーマとヘアカラーの施術順

　基本的には、**パーマ施術を先**に行います。
　ヘアカラーやマニキュア後にパーマ処理すると、変色したり褪色が早まったりする場合があるからです。
　ヘアカラー（酸化染毛剤）は、パーマをかけた後1週間以上あけてから、染めてください。
　ヘアマニキュアは、パーマの翌日に染めて大丈夫です。
　近年、条件によってはヘアカラー（酸化染毛剤）とパーマの同日施術も可能になってきました。どちらかをサロンで施術する場合は、**美容師さんに相談**しましょう。

Q. 屋外と屋内で髪色が違って見えるのはなぜ？

　光源が変わると、色が異なって見えます。
　光源（太陽光、蛍光燈、白色燈など）の波長の構成が異なるため、物体に当たって吸収・反射する波長の構成が異なり、違う色に見えます。
　太陽の下では、室内より明るく見え、蛍光灯の白色燈の下では、青味が強く見える傾向です。

育毛って？

「育毛」は文字通り、毛髪を育てること。
薄毛や抜け毛の原因と対策を正しく理解して、地道に取り組むことが大切です。

▶ 髪のなりたちと成長（参照：P16-17）

髪はずっと伸び続けるのではなく、成長が終わったあとの休止期には、洗髪やとかすほどの弱い力で自然に抜け落ちます。抜けた毛穴からまた新しい髪が生えます。

▶ 薄毛・抜け毛（参照：P118-119）

男性型脱毛
成長する期間が短くなって、細く短い状態で抜けます。
遺伝による個人差があり、年齢に伴って進行します。

女性の加齢による薄毛
平均すると30代から本数が減少し、40歳から細くなる傾向です。

その他
ホルモン、食生活、血行、環境（季節差や気候の変動）、ストレスなどの影響を受けます。

日常の頭皮の血流量と髪の関係
以下のことが検証されています。
- 日常の血流量が高いと、髪の弾性（ハリ・コシ）が高い傾向
- 日常の血流量が高いと、50代以上で、髪が太い傾向

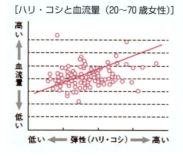

［ハリ・コシと血流量（20～70歳女性）］

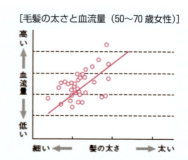

［毛髪の太さと血流量（50～70歳女性）］

▶ お手入れ方法

　薄毛や抜け毛の原因はさまざまですが、毛母細胞が分裂・増殖する状態やその成長期間・成長速度などを、原因によらず維持する可能性がある方法として以下の３つのお手入れ方法があります。

　髪が伸びるのは１ヵ月に約１cm。育毛効果が実感できるまでには、少なくとも３ヵ月かかります。毎日地道にお手入れを続けることが大切です。

◆タンパク質を含むバランスの良い栄養の摂取

　髪の成分源となるタンパク質、その吸収などを助ける成分（ビタミンなど）を摂取することです。

◆育毛剤

　髪の成長を助ける成分が配合されています。

　・血行促進効果成分

　・毛母細胞の分裂・増殖を促進する成分

　髪が太くなり、ハリ・コシが出て、本数が増加するなどの効果が期待されます。

◆頭皮マッサージ

　もみほぐす、強く押して離すなどを組み合わせ、血行を維持します。

髪の成長の変化と薄毛

薄毛のサイン

　1日50〜100本程度、洗髪やとかすときに抜けるのは、成長の終わった休止期の髪や、抜けていた髪がとかすときに落ちたものです。心配する必要は全くありません。

　抜け毛が増えるのは、ヘアサイクルの成長期に対して休止期の髪が多くなったり、休止期が長くなったりした場合と考えられます。

　細く短い髪ばかり抜けるのは、成長する期間が短くなったり、成長速度が遅くなったりしている場合です。

　また、正常なヘアサイクルを終えた抜け毛は、毛根がこん棒状になっていますが、細くなっている場合には、成長状態に変化が起こっている可能性があります。

男性型脱毛（壮年性脱毛）

　思春期以降の男性ホルモンの分泌に伴って、毛母細胞の分裂が抑制されて、ヘアサイクルの成長期が数ヵ月から1年程度と徐々に短くなるため、髪が細く短いまま抜け落ちます。

　男性ホルモンのテストステロンが、毛乳頭細胞でジヒドロテストステロン（DHT）に変換され、毛乳頭細胞にある受容体に結合して脱毛指令因子「TGF-β」が産生されます。これが毛母細胞の分裂を抑制して、成長期の毛髪が退行期に移行するのです。この影響で、平均4〜6年である髪の成長期が数ヵ月〜1年になり、十分に成長しないで退行期・休止期に入り、短く細いまま抜け落ちることが繰り返されます。多くの場合、毛球の数は変わらず、次の毛が生えてきます。

　男性型脱毛が進行し始めると、細く短い髪が抜ける割合が多くなります。また、初期は本数は減らず、うぶ毛が多くなります。

　薄毛の程度や発生時期には、遺伝等による個人差が見られます。毛乳頭細胞のDHTの受容体の感受性が遺伝するといわれています。

フィナステリド
　男性ホルモンテストステロンがDHT（ジヒドロテストステロン）に転換されるのを抑制する効果があるため、低用量（0.2または1mg/day）で、男性型脱毛症（AGA）に対して脱毛抑制効果が認められ、プロペシア（Propecia）の商品名で多くの国で発売されています。

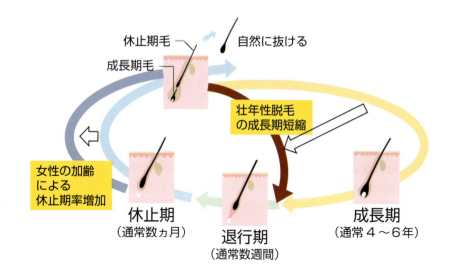

出産後脱毛

　女性ホルモンは、ヘアサイクルを成長期から退行期・休止期に移行することを抑制する働きがあり、豊かな髪を育むことにつながっています。

　妊娠中の女性は、女性ホルモンのレベルが非常に高いため、毛髪は休止期に移行せず、**脱毛しにくい状態**になります。

　出産後、女性ホルモンは急激に減少し通常のレベルに戻ります。このとき、それまで成長期で維持された髪が休止期に入るため、一時的に抜け毛が増加します。これが出産後脱毛です。

　その後、新しい毛髪が通常のヘアサイクルにしたがって成長しはじめ、抜け毛もふつうのレベルに戻りますので通常は心配ありません。

　一般的に産後すぐ症状が見られ、6ヵ月〜1年で戻ることが多いようです。期間は女性ホルモンの分泌量や生活習慣などでかなり個人差があるようです。

女性の加齢による薄毛

　個人差はありますが、女性の髪の太さは平均すると30代後半が最も太く、その後少しずつ細くなり、ハリ・コシがなくなっていきます。髪の本数も、30代頃から少しずつ減少します。

　加齢に伴って、頭部の比較的広い範囲で、髪が細く、ハリ・コシがなくなり、耳より上の部分の毛髪の本数が減少します。

　進行すると、髪の分け目が目立つ、髪のボリュームが出にくい・ボリュームが持たないなどの悩みとして現われます。

　50代以上で、休止期毛の割合が増加して髪の本数が減り、成長速度が遅くなって髪が細くなるという、ヘアサイクルの変化との関係が確認されています。

（参照：P122　髪のエイジング）

育毛方法

「育毛剤を塗布する」「頭皮をマッサージする」を1セットで、あるいは単独で、1日1〜2回、毎日続けて行うことをおすすめします。

●育毛剤を塗布する

育毛剤を頭皮に直接つけ、頭皮を押さえるようにしてなじませる。

▷洗髪後と朝ヘアスタイルを整える前がおすすめのタイミングです。

●頭皮をマッサージする

▷おすすめのマッサージ方法

頭を右図のように3つに分けるイメージで①②を行い、「もみほぐす」「強く押して離す」を組み合わせて頭全体をもみほぐす。

①耳の上から頭の中心に向かってもみほぐす

5本の指で頭皮をつかみ、指先の位置を動かさずに少し押した状態で、手で円を描くようにします。指の位置を変えて繰り返します。

②頭頂部の頭皮を強く押して離す

指先で強く押して、離したときに血行が良くなります。ツボがある頭の中央部分に行うとよいでしょう。

▶ 育毛剤

医薬部外品の育毛剤には、以下の効果のどちらか、あるいは2つを併せ持つ製品があります。

一般的に、育毛剤というと男性専用と思われがちですが、女性でも効果の認められている育毛剤が市販されています。使い続けることによって効果が期待できます。

①毛根にある毛母細胞の増殖を促す

毛母細胞の増殖を促すという視点から、さまざまな育毛成分が開発されています。メカニズムは成分によってさまざまです。実際に、髪が太くなり、ハリ・コシが出て、本数が増加するなどの効果を開発メーカーが検証し、効能成分として承認されたものが配合されています。

（例）ミノキシジル、t-フラバノンなど

②血行を良くする効果

血行促進効果のある成分としては、センブリエキス、ナイアシンアミド（ニコチン酸アミド）などが代表的です。

（参考）育毛剤ガイドライン[1]

皮膚科学会の制定したもので、育毛剤の効果について、科学雑誌等に発表された科学的根拠（エビデンス）にもとづいて、育毛剤（外用・内服）について評価した基準です。

各育毛剤などの使用について、そのエビデンスから、A 強く推奨する、B 推奨する、C1 使ってもよい、C2 行わないほうがよい、D 行うべきでない、との区分に分けています。

市販の発毛効果を謳っている医薬品、育毛・養毛効果を訴求している医薬部外品の育毛剤の有効成分（ミノキシジル、フィナステリド、アデノシン、t-フラバノンなど）について、評価されています。

[1]　男性型および女性型脱毛症診療ガイドライン2017年版（日本皮膚科学会　男性型および女性型脱毛症診療ガイドライン作成委員会）日皮会誌：127（13），2763-2777，2017（平成29）

・・・・・・・・・・・・・・・・・・・・・・・・・・・・・・・・・・・・・・

▶ 頭皮をマッサージする

腕の場合は、強くこする方法が最も血行を良くするのに効果的ですが、頭皮の場合はいくつかのマッサージ方法を組み合わせて行います。

- もみほぐす
- 強く押して離す
- 指先で軽くたたく

マッサージ用ブラシなどの器具は、力が入りやすくマッサージしやすいので、短時間で血流量を上げやすいという利点があります。

長期間マッサージを続けることによって、通常の血行が良くなり、ハリ・コシ、本数が増加したという実験結果[2]もあります。

　＊2　1日1〜3分のマッサージを3回、6ヵ月間行った実験

髪のエイジング
～年齢とともに起こる髪の変化と悩み～

　日本人女性の場合、30歳頃から生えてくる髪が変わってきたと感じる人が徐々に増え、40歳を過ぎるとほとんどの人が何かしらの変化を感じています。
　いずれも個人差がかなりあります。

　近年の研究で、実際起こっている変化と悩みの関係について明らかになってきました。

◆**白髪**：30代後半から50代までの悩みの1位。
　　　　白髪の割合や部位によって、気になる意識が変わる。

◆**手触り、つや**：
　　　　20代頃の毛量が多く広がりやすい状態から、毛量が気にならなくなるとともに、細かくうねった髪が増え、手触り感が良くなくなり、まとまりにくく、つやがなくなった意識が高くなる。

◆**毛量**：50代半ば以上になると、毛量の減少が進み、ボリューム悩みを感じる人が多くなる。60代以上で、ボリューム悩みが白髪悩みより大きくなる人が増える。

◆**傷み**：髪が細くなるなどの質の変化や、カラーリング頻度増大に伴い、リスクが拡大するが、他の悩みが増大するに伴って気になる順位は低くなる。

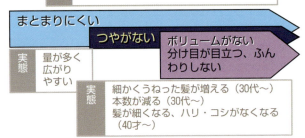

▶ 白髪が増える

　白髪が1本でもある人の割合は、30代半ばから急激に増えます。60代で100%になります。
　（参照：P18　白髪になるのは、メラニン色素がつくられなくなるから）

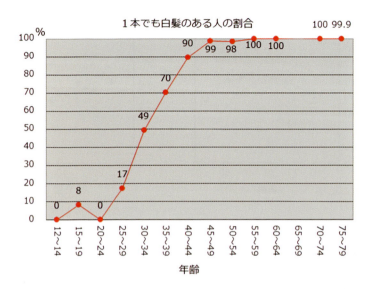

年齢とともに、量や部位によって気になり方や程度が変化します。

～40代前半	40代後半～	50代後半～
白髪の出始め、内側、生え際、分け目など、部分的にわずかでも気になる	白髪が部分的に増えたり、髪全体に気になる人が増える	白髪が増え、髪全体が気になるようになる

対策：
　白髪を予防する方法は確立されていません。
　傷みを抑えながら、上手にカラーリングして目立たなくする方法が一般的です。
　　　　　　　　　　　　　　　　　（参照：P92　カラーリングって？）

▶ 毛量が減る

　平均すると、女性は30代後半、男性は20歳前後が最も太く、その後は少しずつ細くなり、それに伴ってハリ・コシも低下します。
　毛髪の本数は、女性の場合30代頃から減少します。

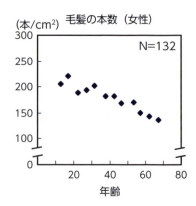

悩み：

　「髪がぺちゃんとなる」「分け目が目立つ」ことが気になるようになり、さらに年を重ねると、「抜け毛が多い」「量が少ない」「ボリュームが出ない」という悩みにつながります。

対策：

◆**育毛**（参照：P120　育毛方法）

　髪の成長を促し、長期的に、髪が細く・少なくなっていく現象を遅らせる方法です。

◆**根元を立ち上げるように乾かす**

　根元が濡れているうちに、根元に風を入れるように指先を小刻みに動かしながら、根元の髪を頭皮から起こして乾かします。

　乾かす前に分け目をつけず、頭頂部の少し後ろにあるつむじに髪をかぶせるように乾かすのがポイント。カーラーを使う際も、つむじにかぶせるようにします。　　（参照：P64　髪の乾かし方）

　髪を乾かしやすくしたり、髪にハリ・コシを与え、根元を立ち上げやすくしたり、毛流れをそろえやすくするヘアケア剤も開発されています。

▶ 細かくうねった毛が増える

年齢とともに不規則にうねった細かいくせ毛が増加します。

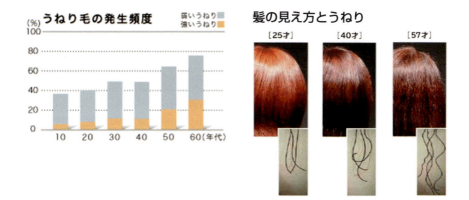

悩み：
　髪の流れがそろいにくくなり、つやや手触りが低下する原因の1つになっています。　　　　　　　　　　（参照：P12　つやが損なわれるのは？）
　10代の頃は、つやつやであまり手をかけなくてもきれいなストレートに整ったのに、年齢とともに髪のつやがなくなった、ストレートにできなくなったという意識や実態があります。

対策：
◆髪の毛流れをそろえるように乾かす
　　ドライヤーと手グシで、根元をしっかり乾かした後、根元から毛先に向かって髪の流れをざっくりそろえながら乾かします。
　　　　　　　　　　　　　　　　　（参照：P64　髪の乾かし方）

髪のうねりを緩和するヘアケア剤も開発されています。

▶ 髪内部の脂質が減る

髪のコルテックス部分の脂質が年齢とともに減少します。

しなやかさが低下し、もろくなる傾向が強まります。

髪が傷んで、脂質が流出すると、しなやかさが低下します。
(参照：P10)

この脂質に代わって、髪内部に浸透ししなやかさを回復する成分が開発されています。

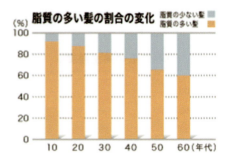

・・

▶ 傷みやすくなる

年齢とともに傷みやすい髪質になったり、化学処理を伴う美容施術などリスクは増大します。

・細くなる
・内部の脂質が減少する
・ヘアカラーの染毛頻度が増え、傷む機会が増える
・細かくうねった毛は、ヘアカラー・パーマ処理でうねりが増大する
・キューティクルが壊れやすくなる

年齢とともに起こる頭髪の変化は、その状態や原因が解明されるにしたがって、より的確なお手入れ方法や製品技術が提案されるようになりました。避けられない変化ではあっても、進行を遅らせたり、上手にカバーする方法も開発されています。

コラム　シニア世代の髪の変化

ヘアスタイル

　以前は髪全体にパーマをかけて髪をクリクリにしてボリュームを出したり、大きなカールをサイドに流すスタイルが多かったのですが、この20年ほどで激減しました。頭の形に沿って弧を描くような自然なボリューム感があり面をきれいに整えているスタイルが増えました。若い世代と同じ価値観になり、よりそれをこなしていく方向になっています。

　年齢が高いほどショートの割合が高く、1990年代前半、40代でショートが過半数でした。2003年頃から20-30代のヘアスタイルが長くなった際に、40代も長くなりました。現在も40-60代ではショートが減少し、セミロングの割合が増えています。

　ヘアカラー自体のダメージが軽減されたり、ヘアケア剤の技術の進歩によって、白髪染めをするとごわごわして、さらさらにはできないという状況が解消されたことがロング化には寄与していると考えられます。

髪色

　白髪染めは以前は黒髪に近づけるために、染料濃度を高くし、ブリーチ力の弱い設計でした。1990年代後半、茶髪が流行り、頭髪を明るくして軽く見せるようになると、白髪を染めたうえ、全体を明るめの色に仕上げるニーズが高くなりました。黒髪を明るくし、白髪と同時に染めてなじみのいい色という開発も繰り返されています。

　白髪がかなり多くなってくると、黒くすると段差が目立つようになるという問題も大きくなります。そのため、色や染め方（グラデーション）、脱カラーリングの手順などへの関心も高まり、情報が増えています。

2000年頃の50代　　　　　　　2010年頃の50代

Q&A ◆◆◆ 育毛・エイジング編

Q. 加齢でつやがなくなる原因と対策
Q. 白髪を抜いてはいけないの？
Q. 育毛剤は女性用と男性用があるけど何が違うの？
Q. 年齢に合ったヘアケア品を選ぶポイントは？
Q. 頭皮は硬いとなぜ良くないの？

Q. 加齢でつやがなくなる原因と対策

◆年齢を重ねるにつれて毛髪に以下のような変化が徐々に起こります。
　1．白髪が混じる。
　2．毛髪が細くなる、ハリ・コシがなくなる。
　3．うねり毛（細かいくせ）の割合が増える。
　4．傷みやすくなる。カラーリングの頻度が増え、傷む機会も増える。

◆髪の変化によって、次のようなメカニズムでつやが低下します。
　1．白髪が混じって色ムラになるため、つやが低下します。
　2-3．太さやうねり毛が増えることによる形状のばらつきが大きくなり、
　　　毛流れや面が整いにくくなり、つやのなさにつながります。
　4．傷むと、髪1本1本の表面の凹凸や内部の空洞が増えることにより、
　　　つやが低下します。
　　　また、うねり毛はヘアカラーなどで傷むとよりうねりが増えるため、
　　　面が整いにくくなります。　（参照：P12　つやが損なわれるのは？）

◆日常のお手入れでケアできること
　・傷みを進めないこと。
　　キューティクル：ケア剤を選んでなめらかに保ち、シャンプーやスタイ
　　　　　　　　　リング時に無理な力をかけないこと。　（参照：P24）
　・根元から毛先に向かって毛流れをそろえるようにして、しっかり乾かす
　　こと。　　　　　　　　　　　　　　　　　　　　　　（参照：P64）

Q. 白髪を抜いてはいけないの？

　白髪で生えてきた髪は、毛母細胞が分裂・増殖して毛根部は生きています。
成長期にある毛髪を抜くと、毛球が傷んで、髪の成長に影響をおよぼす可能
性があるので、抜かない方がいいでしょう。
　抜けば黒髪になると思う人もいるようですが、白髪の生えている毛球部の
メラノサイトの働きが低下しているため、抜いた場合に次に生えてくる毛髪
が白髪である可能性は高いと考えられます。

128

Q. 育毛剤は女性用と男性用があるけど何が違うの？

　医薬品の発毛剤の成分について、男女それぞれの効果実証データで承認されるためです。
　医薬品や医薬部外品の育毛剤は、有効成分の働きが、血行促進効果や毛母細胞の分裂・増殖促進効果の場合、同じ成分が男性用にも女性用にも使われているものが多くあります。これらは、製品ブランドが男性用と女性用で異なります。
　医療用医薬品には、男性型脱毛の原因を抑える働きの成分を含み、男性用のみの製品もあります。

Q. 年齢に合ったヘアケア品を選ぶポイントは？

　もともとの髪質も、年齢による変化の速度も、傷みの程度も人によってさまざまです。
　常に髪の状態に合ったヘアケア製品を選ぶことが第一で、さらに変化を感じた際にお手入れ方法や製品を新たに試したり見直したりしましょう。
・髪は毛先までなめらかにしておくこと。　　　　　　　　　　（参照：P24）
・エイジング対策。　　　　　　　　　　　　　　　　（参照：P120-126）

Q. 頭皮は硬いとなぜ良くないの？

　頭皮が硬いと、血流が滞っている可能性があります。頭皮の血流は、次に生えてくる髪の太さやハリ・コシと関連性があります。（参照：P116）
また、頭皮の生まれ変わりの周期や構造にも影響をおよぼすと考えられます。

研究トピックス

キューティクルについて

　ここでは、キューティクルについて詳しく、形、大きさ、構造、何でできているのか、どこでできるのか、どんな役割を担っているのか、ダメージはどのように起きるのかを紹介します。続いて、人種による違い、動物のキューティクルなどを紹介します。

1．形、大きさ、構造

　図1、2は、毛髪の表面をそれぞれ電子顕微鏡で撮影した写真です。表面をおおっている鱗（うろこ）のような形のものがキューティクルです。根元近くのキューティクルは、いわば生まれたてなのでほとんど傷ついておらず、図1のように、なめらかな丸みのある輪郭をしています。一方、毛先の近くは、キューティクルが削れ、輪郭がギザギザになっています。また、材木のような表面になっているのは、キューティクルがなくなって内側にあるコルテックスが見えているのです。

図1．根元付近の毛髪表面

図2．毛先に近い毛髪表面

　次にキューティクルの断面を見てみましょう。図3は髪を縦方向（長さ方向）、図4は横方向（輪切り）に切って、その断面を撮影したものです。
　図3では、キューティクルが傾いた状態で何枚も重なっているのが見えますね。1枚1枚のキューティクルは約50μmですが、毛髪の直径が日本人の場合平均80μmですから、これと比べてもかなり長いことがわかります。少し傾斜した状態で、平均して7枚ほど重なり合っていて、ほんの一部が表面に出ている構造です。傷んだ髪では少しずつ削れて枚数が少なくなっています。キューティクル層全体の厚みは2～3μmで、髪の直径と比べるとかなり薄いようですが、面積にすると髪全体に対して約13～14％（約1/7）になります。

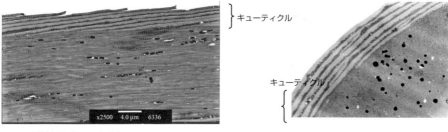

図3．縦断面（長さ方向）　　　　　　　図4．横断面（輪切り）

キューティクルはいくつかの小さな構造が集まってできています。
図5は、横切りにした毛髪のキューティクルの部分をさらに拡大したものです。

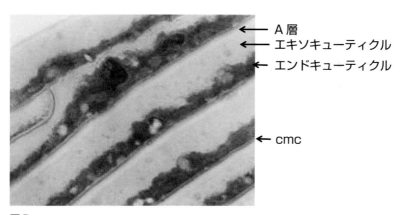

図5．

1枚のキューティクルのうち、図5で一番色が薄く見えているのがA層、その内側でグレーに見えているのがエキソキューティクル、さらにその内側の黒い部分がエンドキューティクルと呼ばれます。A層が最も硬く、内側のエンドキューティクルが最も柔らかくて脆い性質です。また、キューティクルとキューティクルの間にとても薄いcmc（cell membrane complex 細胞膜複合体）と呼ばれる層があります。

２．何でできているのか

　cmc は 3 層からなり、両外層は脂質、中央の層はタンパク質です。片方の脂質層（A 層に近い方）には18-メチルエイコサン酸（MEA）という、他の部分には存在しない特殊な脂質があり、髪表面をなめらかに保つ働きがあります。またcmc は、毛髪の外からさまざまな物質（水、ヘアカラーなど）を取り込む通路にもなっています。

３．どこでつくられるのか

　毛母細胞が分裂し増殖した後、頭皮表面に向かって押し上げられる過程で、キューティクル・コルテックスなどの構造がしっかりと形づくられていきます。頭皮から出てきてすぐのキューティクルは、輪郭がなめらかでとてもきれいです。しかし、角化してしまってもはや再生はしない細胞なので、特に物理的刺激によってどんどん傷んでいきます。

４．役　割

　髪の見た目、感触、スタイルそれぞれに果たすキューティクルの役割について紹介しましょう。

見た目：

　キューティクルは無色透明な組織です。メラニン顆粒はコルテックスに分布し、キューティクルにはほとんど見られません。P133図 3 、 4 に見える黒い点がメラニン顆粒です。髪が黒や茶色に見えるのは、キューティクルの内側にあるコルテックスに存在するメラニンの色が透明なキューティクル層を通して見えているからです。

　キューティクルが見た目に寄与するのは、色ではなくつやです。図 1 のように、健康な髪のキューティクルは比較的規則正しく並んでいます。しかし、ダメージを受けると、これらは容易にはがれたり、まくれ上がったりして髪表面が凸凹になり、光を散乱してつやが鈍く見えるのです。

感　触：

　健康なキューティクルの表面には脂質が存在していて、疎水性（水になじみにくい性質）です。脂質層は髪が傷むと損なわれ、髪の表面は親水性（水に馴染みやすい性質）になります。すると、髪は濡れたときに絡まりやすくなり、こすれやすくなって、よりいっそうキューティクルがはがれやすくなり、傷みが進みやすく

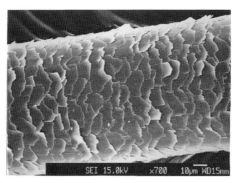

図6．傷んでキューティクルが捲れた毛髪

なります。また乾かす過程で、髪の流れを整えにくくてそろわず、パサつきにつながります。

スタイル：
　キューティクルにはP133図3に示すように傾斜があり、一定の方向に並んでいます。これにより髪が同じ方向に流れて整列しやすくなっています。
　切った髪の毛先と根元をごちゃごちゃにするとキューティクルの先端どうしが噛み合って絡んでしまいます。逆毛を立てて膨らませるスタイリングの方法は、この性質を利用して形を固定させるものですが、髪を傷めるので頻繁に行うのはおすすめしません。
　ウールのセーターをうっかりもみ洗いして、縮めたりゴワゴワにしたりしてしまった経験はありますか？ウールにもキューティクルはちゃんとあって、洗濯中にキューティクルどうしが噛み合ってそのような現象が起こるのです。そして、それはヒトでも同様です。キューティクルは濡れたときや、加熱されたときに特に持ち上がり（傾斜の角度が大きくなり）やすいので、洗髪のときに毛流れに逆らってこすったり、カラカラに乾ききるまで高温のドライヤーを当てたりするのは危ないですね。
　また、キューティクルは髪の曲がり方に大きく影響し、ハリやコシをつくるのに役立っています。

5．ダメージパターン

　キューティクルは毛髪の最表面にあるので、さまざまなダメージを真っ先に頻繁に受けて傷みます。この傷み方には2つのパターンがあります。

Type L

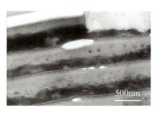
Type E

　若い人と年齢を重ねた人とで、この傷み方に違いがあるということがわかっています。若いと Type L、高年齢だと E が多い傾向です。また、Type だけではなくキューティクルの減りの速さにも違いがあります。生まれてすぐの毛髪で比べると、若い人でも高齢の人でもキューティクルの層数はあまり違いません。しかし、日常の刺激に対するキューティクルの抵抗性が高齢の人ほど弱くなっているため、キューティクルが減りやすくなっていきます。お手入れして守っていきましょう。

6．日本人と西洋人（Caucasian）のキューティクルの違い

　西洋人（Caucasian）の毛髪をじっくり眺めたことはありますか？　日本人の毛髪と比べると色が明るく、細くて柔らかそうで、天然のウェーブがあるなど、一目見ただけでわかる違いはたくさんあります。ブロンドに憧れている人もいるかもしれませんね。日本人の黒髪も強いブリーチを使うと、見かけ上、金髪のようになりますが、本物の西洋人のブロンドと比べると、

① 太さが違う（日本人毛の半分くらい）
② メラニンの種類が異なる
③ 本物のブロンド毛は顕微鏡で見るとほとんど透明、ブリーチで脱色した日本人毛は傷みで白濁している

などの点で、専門家から見ると、実際の質感はかなり違います。

もう少し詳しく最外層のキューティクル層を比較して見ると、1層の厚みは日本人毛の方が少し厚く、層の数も少し多く、少し硬いです。西洋人毛と比べると日本人毛の方が厚みのある硬いキューティクル層におおわれています。さて、それでは、日本人毛の方が傷みにくいのでしょうか？…

　残念ながら、そうではありません。ヘアカラー、洗髪、ブローといったごく日常的なお手入れを繰り返すことによって、キューティクルは徐々にすり減っていきます。私たちの研究の結果、その減り方は日本人毛の方が西洋人（Caucasian）毛よりも早いということがわかりました。
　日本人毛はキューティクルが大きな欠片で一気に取れてしまうのに対して、西洋人（Caucasian）毛は小さな欠片で徐々に取れるということが観察されました（お手入れの条件によって変わる可能性がありますが）。堅焼きのお煎餅とクッキーをイメージするとわかりやすいでしょう。お煎餅は堅くて噛むのに力が必要ですが、いったん噛み切ってしまえば豪快に大きく砕けてしまいますね。一方、クッキーは脆くてくずれやすいですが、歯が当たった箇所以外まで一気に砕けるということはあまりありません。
　われわれ日本人は、せっかくもともとは丈夫な構造の髪を持っているのですから、それを活かして美しい髪を保つために負荷のかからないキューティクルケアを心がけましょう。

キューティクルダメージの違い（イメージ図）

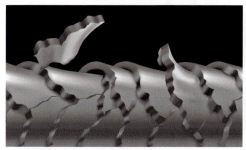

日本人毛
大きく一気にはがれる

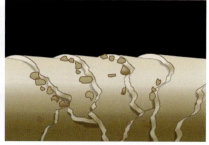

西洋人（Caucasian）毛
小さく薄く徐々にはがれる

7．他の動物のキューティクル

　キューティクルがあるのはヒトの毛髪だけではありません。動物の毛、羽毛、ヤマアラシやハリネズミの針にもあります。これらの図を見て下さい。それぞれ、毛の太さも形もさまざまですね。

　ただ、不思議なことに、いずれもキューティクルの厚みは0.4〜0.5μmとほぼ同じです。こんなに形や太さが違っても、ましてや針であってさえも！　この厚みの物が体表面に存在しているということが、生き物にとって何か有利なのかもしれません。

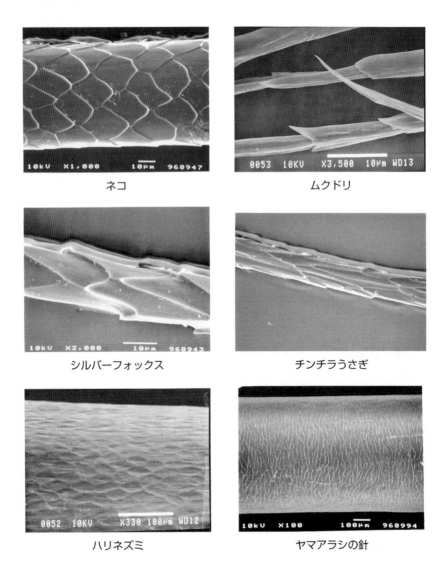

ネコ　　　　　　　　　　　　ムクドリ

シルバーフォックス　　　　　チンチラうさぎ

ハリネズミ　　　　　　　　　ヤマアラシの針

毛髪内部の傷みと補修

毛髪内部の傷み

　ブリーチやパーマなどの化学反応を伴う美容処理を行うと、毛髪内部の化学結合の開裂が生じます。特に毛髪内部にはジスルフィド結合が多く存在しますが、それらが開裂し、酸化され、システイン酸に変化します。また、毛髪内の脂質や小さい分子になったタンパク質が、シャンプーの際に流出したり、毛髪を構成するケラチンタンパク質の構造が変化することが知られています。

　それらの現象は毛髪の強度低下をもたらします。図1には濡れた毛髪の硬さ（弾性率）と丈夫さ（破断強度）を示しています。ブリーチ毛やパーマ毛ではいずれの物性値も低下し、コシがなく切れやすくなっていることがわかります。

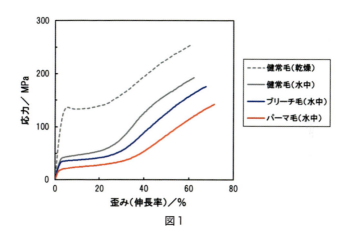

図1

毛髪内部の空洞の増加

　図2は、茶色い毛髪の毛束のようすです。ともにブリーチ処理を行った履歴を持っているのですが、その外観は大きく異なります。左側はくっきりとしたつやがありコントラストがはっきりとして茶色もきれいに見えるのに対し、右側の毛束は全体的に白っぽくくすんでいて、つやがないようにみえます。このような見え方の違いは、毛髪内部に原因があることがわかっています。

　図3に、図の毛髪の拡大図を示します。右側のつやのない毛髪では、毛髪繊維の中心部分に断続的な白く光った線が見えています。これが何かを調べるために、毛髪の断面を切ってさらに電子顕微鏡で拡大したのが図4です。毛髪の中心部が白く見えていた毛髪には、中心部のメデュラに空洞が見られました。また、よく見ると、コルテックス部分にも多くの小さな空洞があることもわかりました。　　　　　　　　（参照：P10〜11　しなやかさが損なわれるのは？）

空洞の少ない髪

空洞の多い髪

図2

空洞の
少ない髪

空洞の
多い髪

図3

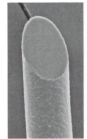
空洞の
少ない髪

空洞の
多い髪

図4

毛髪内部に空洞が増加する原因

　図5に、洗髪・ドライヤー乾燥・アイロン加熱10秒を60回繰り返した後のメデュラの空洞化率を、アイロン加熱温度との関係で調べた実験結果を示します。加熱温度が160℃以上で空洞が急激に増大しました。

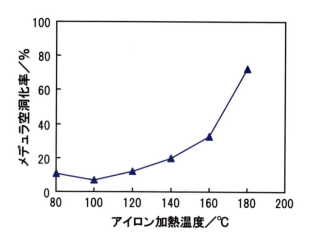

メデュラ空洞化率10％の毛髪を用い、
洗髪＋ドライヤー乾燥＋アイロン加熱（10秒間）を
60回繰り返し処理した後のメデュラ空洞化率
図5

　その他の毛髪ダメージ条件をいろいろ調べた結果、熱、ブリーチ、ブラッシングなどにメデュラの空洞増加の原因があることがわかりました。これらの中でも、熱は可能性の高い原因の１つであると考えられます。

　ヘアカラーやブリーチを繰り返し、さらに洗髪とドライヤー乾燥を毎日繰り返して行うと、毛髪内のメラニン顆粒がなくなって空洞となり、またコルテックス細胞内部にも微小な空洞が増えます。そのような毛髪は、毛髪全体が白っぽく見えます（図6）。

表：毛髪の部位による空洞増加の原因

キューティクル	コルテックス	メデュラ
パーマ・ヘアカラー・紫外線→キューティクルどうしの結びつきが低下	ブリーチ・ヘアカラー＋洗髪の繰り返し 100℃以上の加温の繰り返し	100℃以上の加温の繰り返し ブリーチ・ヘアカラー＋洗髪の繰り返し 摩擦（洗髪・コーミング）

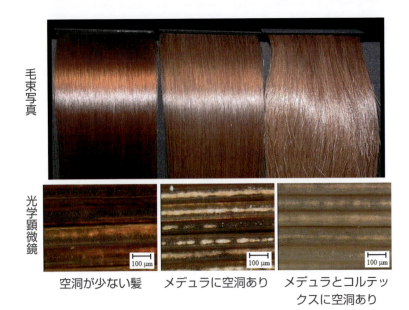

図6

空洞を補修する技術

　空洞を補修する技術として、ある種の有機酸と有機溶剤の組み合わせに効果があることが示されています。たとえばリンゴ酸とベンジルアルコールを含む水溶液で処理すると、メデュラの空洞が補修されることが報告されています（図7）。
　メデュラ部分をさらに拡大してみると、空洞が増大したメデュラ部では、メデュラを構成している繊維状の組織が干からびたように細いことがわかります。それに対し、空洞補修技術で処理した毛髪のメデュラ部はふっくらとした繊維が観察されました。このことから、空洞化したメデュラに詰め物をするのではなく、組織そのものを膨潤させて繊維間の空間を少なくしていると考えられます。この空洞補修技術によって、メデュラ部だけでなくコルテックスに存在する空洞も縮小していることがわかっています。

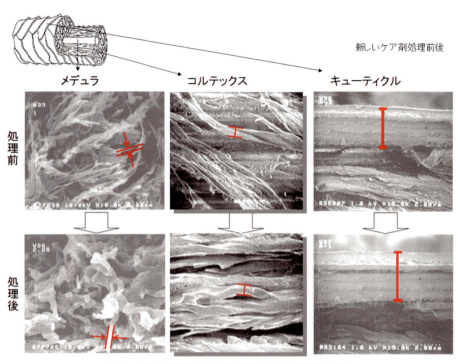

図7　空洞を補修する技術の効果（電子顕微鏡写真）

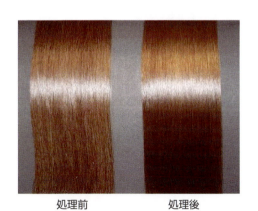

図8　空洞を補修する技術の効果（トレス）
左：ダメージを受けて毛髪内部に空洞が多い髪。
右：空洞を補修した後の髪で、つやがあり、コントラストがはっきりしていて美しく見えます。

日本人と西洋人（コーカシアン）の毛髪の違い

	日本人毛	西洋人（コーカシアン）ブロンド毛
断面写真 （代表例）		
太さ	太い　平均約80μm	細い　平均約60μm
硬さ	硬い	柔らかい
断面形状	真円に近い楕円	楕円
	内部の繊維量　　1.9：1 キューティクル量　1.5：1 表面積　　　　　1.3：1	
くせ	くせがなくまとまりやすい	ウェーブ比率が高い
色 （参照：P148-149）	黒	ブロンド
	ユーメラニン比率が高く、 総量が多い	フェオメラニン比率が高く、 総量が少ない
つや	・1本1本の表面反射と背面反射が 　くっきりしている ・色と光のコントラストが鮮やか	・1本1本の透明性が高い ・レンズ効果で、全体が柔らかい色 　を伴って輝く
キューティクル （参照：P132-137）	1枚1枚が厚く、 密に表面をおおう	1枚1枚が薄く、 広めの間隔で表面をおおう
	重みを感じる弾む動き 奥行きを感じる輝きと動き	色も動きも軽やか

太さの分布

弾力（曲げ応力）

代表的ビジュアル

日本人黒髪

ブロンド毛

つや　顕微鏡写真

日本人黒髪
後列からの光は見えない

ブロンド毛
後列からの光の反射が見える

くせ毛

▶ くせの起源

　世界にはいろいろな色と形の髪の毛があります。形の起源を考えてみましょう。数万年前とも数十万年前ともいわれていますが、人類はアフリカで生まれました。アフリカの人たちの髪は、それ以来黒くて強いくせ毛のままです。すなわち、それが本来の人類の髪の毛であって、日光や熱などから身を守るためには、このようなくせ毛が必要だったと考えられます。人類は、森から草原に出たために直立したという一説がありますが、森の中のサル（類人猿）などが、強いくせ毛を持たないことから、草原に出て強い日光を浴びることになって、くせの強い髪の毛が必要になったのかもしれません。一方で、欧州やアジアでは、直毛の人が多く、強いくせ毛の人は少数です。日本人では、10〜20%くらいの人がくせ毛（カール径2cm以下）ともいわれています。

▶ 遺伝と後天的変化

　一般的にくせ毛は遺伝するといわれていますが、正確に遺伝を証明した研究はありません。くせ毛の親からはくせ毛の子供が生まれることが多いので、経験的に遺伝ではないかといわれています。

　一方、子供のときは直毛だったのに、思春期からくせが出たり、妊娠を境にくせが出たり、あるいは直ったなど、後天的にくせ毛と直毛が相互に変化するという事例もあります。将来、そのメカニズムが解明されれば、自在に髪の毛の形を変化させることができるようになるかもしれません。

　毛髪の太さに関しては、東アジア（中国、日本、韓国、台湾）人には髪の毛を太くする働きのある遺伝子が多いという研究報告があります。その理由は解明されていませんが、太い髪がこの地域で何らかの生物学的な優位性があったことを示していると考えられます。

▶ 動物のくせ毛

　たいていの動物の毛はまっすぐです。猿や犬、猫や鼠でも大部分が直毛もしくはほぼ直毛です。縮れ毛を持つ特殊な品種もありますが、稀です。その中に、5,000年以上も人々の暮らしをその毛と肉で支えてくれている羊がいます。羊毛によって、人間は寒冷地でも生活できるようになりました。羊毛の保温性の高さの理由の1つが、細かなくせ（クリンプ）なのです。ミリ単位のカールが細かくつながっていて、保温や断熱に優れ、衣類や住居用に古くから利用されてきました。

▶ くせ毛の構造

　実は、この羊毛のくせ毛と人間のくせ毛の構造は同じということがわかってきました。人間の毛髪や羊毛のコルテックスには大きく分けて2種類の性質の異なる細胞があり、細胞内部の構造や組成が異なり、硬さも少し違うことが知られています。断面を観察すると、直毛はこの2つの細胞が細かくモザイク状または同心円状に分布して偏りがないのに対し、くせ毛は2種類がそれぞれが偏って分布し、その偏りが大きいほど、くせが強いことがわかってきました。内部構造がこのように偏ると、下図のように曲がったりねじれたりする形状として現われるのです。

2種類のコルテックス細胞の分布の違い　　くせ毛の構造

直毛　　くせ毛

B-コルテックス（オルソ・コルテックス）
A-コルテックス（パラ・コルテックス）

▶ くせの変化

　人間の髪の毛は、2種類のコルテックス細胞の分布の偏りによってくせ毛となります。後天的に分布が偏る理由は2つあります。1つがヘアダメージによるもの、もう1つがエイジングによるものです。

　ヘアダメージにより、くせやうねりがある毛髪は、2つのコルテックス細胞の性質の違いが強く出て、よりくせやうねりが強まる傾向にあります。また、直毛の人でも、部分的に成分が流出して構造の変化が起こると、くせが出ることがあります。

　エイジングによってうねり毛の割合が徐々に増加する傾向にあります。10〜20代よりも30〜40代、さらに50〜60代がより多いといった傾向です。これは、加齢によってつやが低下するという意識や実態を詳細に調べているうちに、年代による毛髪の違いが見出されたものです。「年代が高くなると10〜20代のようなきれいなストレートにならない」というキーワードともよく合う結果です。もちろん、加齢によってカラーリング頻度が高くなるなど、ダメージによる影響も含まれると考えられます。

髪の色

　髪の色はメラニン色素で決まっています（P18参照）。皮膚では、ときには色黒の悪者にされていますが、日光から体を守ってくれるとても重要な色素です。
　メラニンには、ユーメラニンという褐色のメラニンと、フェオメラニンという赤いメラニンがあります。髪色はこの構成と総量で決まっています。この2つのメラニンは、区別して定量することができます。
　私たち日本人や東洋人の髪は、ユーメラニンが主成分で髪の毛に数パーセントととても多く含まれているために、真っ黒い髪色なのです。黒人（African）の毛髪も私たちと同様、ユーメラニンを多く含みます。
　一方、西洋人（Caucasian）の髪は、ユーメラニンと同等に、フェオメラニンを含みます。この2種類のバランスで、さまざまな髪色があるのです。フェオメラニンを多く含む髪は、いわゆる赤毛です。明るいブロンドの毛髪もフェオメラニンを含みますが、メラニンの総量が極めて少ないので明るい金髪なのです（下図参照）。実は、明るいブロンドの髪をしている西洋人の多くは、茶色（ブルーネット）や濃いめのブロンドから脱色した髪色なのです。地毛が明るいブロンドの割合は、半分以下であるらしいのです。

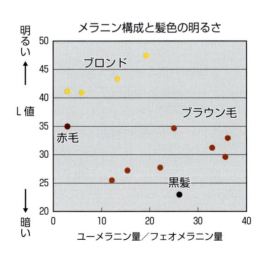

　メラニン色素はフェオメラニンとユーメラニンの2種類があり、それぞれ赤と黒を象徴しています。ビジュアルで見てわかるとおり、その2種類のバランスと総量で実にさまざまな色ができるのです。スタンダールの小説「赤と黒」では、兵隊（赤）と牧師（黒）の服を象徴していて、どちらかしか選ぶことができない、というのとはずいぶん違います。

　毛のない動物でもこれらのメラニンを持っていて、体の色を発現しているものもあります。たとえば、ヒメダカの朱色は赤いメラニンで、黒メダカは黒いメラニンを持っています。

　実はメラニンは、とても安定な化合物で、2億年前のイカ墨の化石を分析したところ、3割くらいのメラニンが残っていたということが報告されているほどで、昔の生き物の色を推定することができます。さらに、恐竜の化石を分析して、今までは想像するしかなかった恐竜の色を科学的に推定する研究が行われています。もし、鮮やかな赤い色の恐竜の絵を見る機会があれば、その研究の成果を反映したものかもしれません。

天然由来のメラニンのもとで白髪を染める技術

白髪と黒髪の違いはメラニンの有無

　メラニンは、人の皮膚や毛髪に存在する色素で、髪の色を決めています。

　毛髪内のメラニン量は数％です。老化などの要因で、このメラニンが極めて少なくなると、白髪になります（図1参照：P18　髪の色）。すなわち、白髪と黒髪の違いは、メラニンがないかあるかの差です。白髪になる原因は、毛をつくる毛根部でメラニンをつくるメラノサイトという細胞が働かなくなる、あるいはなくなるためです。メラノサイトでは、チロシンというアミノ酸からチロシナーゼという酵素の働きでメラニンをつくっています。メラノサイトがなくなってしまうとチロシンがあっても、メラニンはできません。

　白髪は年老いた象徴とみなされるので、何とか隠そうと、古来より洋の東西を問わず、毛染めが使われていました。ちなみに、日本最古の髪染めの記述として、「平家物語」に源平合戦時に70歳を過ぎた年老いた武将が敵に侮られないために、髪を黒く染めて戦ったという逸話が残っています。

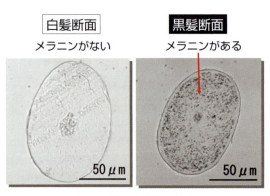

図1　白髪と黒髪の違い

メラニンのもとで髪を染める

　白髪になった髪に、メラニンそのものを戻すことができれば、元の黒髪と同じように自然な髪色になると予想されます。しかし、メラニンはとても大きな分子であるため、髪の毛の中には入りません。そこで、メラニンそのものではなく、メラニンになる前の前駆体と呼ばれる「メラニンのもと」を利用して髪を染める方法を考えました。

　天然の植物から抽出した素材を、メラニンをつくるための特殊な酵素（チロシナーゼ）で処理して、「メラニンのもと（ジヒドロキシインドール）」ができました。この「メラニンのもと」は、小さな分子なので、白髪に入り、黒いメラニンとなります。

　この「メラニンのもと」を用いた染毛料の使い方は、髪につけて、5分ほど放置して洗い流すという極めて簡単です。その結果、髪本来の自然な色合いをよみがえらせることができます。この染毛料は過酸化水素が含まれていないため、髪の傷みが少なく、またヘアマニキュアのような皮膚への着色がほとんどない、さらに色持ちが良いという優れた特徴があります。1回で染める力はそれほど強くないのですが、繰り返し使うことで染まりを調整でき、また、メンテナンスも簡単です。

図2　使用例

染毛操作（塗布、放置5分、シャンプー、乾燥）の繰り返しによって、徐々に自然に染まっていく。色味も自然なグレーカラー。使用を中止すると徐々に元の髪色に戻る。

索　引

【あ】

	ページ
アイロンによる傷み	24-25,71
アイロンの上手な使い方	72-73
アイロンの歴史	81
アフターケア	25
アミノ酸系（洗浄成分）	44
汗	30-31,33,61
温まった毛髪	60
洗い流さないトリートメント	
	65-66,74,83,87
洗い残し、すすぎ残しがちな部分	35
泡立ちが悪いとき（洗髪）	35
育毛	116-117
育毛Ｑ＆Ａ	128-129
育毛剤	117,120-121
育毛方法	117,120-121
傷み対策	
お手入れ6箇条	24-25
濡れている髪のお手入れ	24,39
カラーリング・パーマ・	
紫外線・熱	25
傷みと原因	22-23
傷みを感じるわけ	
（構造変化との関係）	7
スタイリング時	70-71
とかすときの傷み	20,24
熱	22-23,71
傷みやすくなる	126
一時染毛料、一時染め	95-96
色番号（一口メモ）	100
色持ち対策	113
うねり	5,15,62,146-147

うねり毛が増える	125
うるおい	14-15
薄毛・抜け毛	116,118-119
美しい髪・健康な髪とは	2-3,6-7
MEA	8,28,48
エイジング　白髪、毛量、うねり、	
脂質、傷みやすくなる	122-126
エイジングＱ＆Ａ	128-129
エステル類	49
枝毛・切れ毛	7,9,23,54
塩	45
凹凸	6-7

【か】

カチオン性界面活性剤	29,46
カットの歴史	78,84-87
カラーコンディショナー	95
カラーシャンプー	95
カラートリートメント	95
カラーリング	
カラーリング概要	92-93
カラーリング剤の種類と特徴、	
選び方と使い分け	94-104
カラーリングの歴史	105-109
カラーリングＱ＆Ａ	110-115
カラーリンス	95
かさつき（頭皮）	32-33
かゆみ	21,30-32,36
加齢による薄毛（女性）	119
界面活性剤の原料	45
硬い	7,11
形づくしくみ	59

髪色戻し	111	血流量	116
髪の色	18,148-149	健康な髪	2-3,6-7
髪のエイジング	122	コアセルベーション	42
髪の硬さ	5	コシ（→弾力）	
髪のケア		コテ（→アイロン）	
概要	20-21	コルテックス	4-5,7,11,16
歴史	51-53	コンディショナー	29,36-37,46-47
髪の構造	4	コンディショナー・トリートメントの	
髪の成長	16-17	使い分け（一口メモ）	47
髪の太さ	5	コンディショニング成分	48-49
乾いた目安（一口メモ）	63	こすれる	8-9,22,24,29
乾いていない	15,60	こすれる力を弱める	29
乾かし方	38,63,64-68	ごわつく	7,11
乾かし残しやすい部分	65	高級アルコール	48
汗腺	30	高級脂肪酸	48
乾燥した季節のスタイリング（Q&A）		抗菌剤	47
	90	紅斑	32,40
（急激な）乾燥によるダメージ	71		
還元剤	69	【さ】	
キューティクル	4,6-12,16,132-138	サルフェート	44,57
（他の動物の）キューティクル	138	さらさら	91
キューティクルケア	24-28	細胞間の脂質	11,126
キューティクルの傷み	8-9,12,22	シニア世代の髪の変化（コラム）	127
切れ毛（→枝毛・切れ毛）		シャンプー　洗髪方法、役割、構成	
休止期	16-17		34-36,40-45
強度	11	シリコーン	49,55
空洞	6-7,10-13,23,140-143	ジスルフィド結合	59
くせ毛	5,15,62,146-147	しなやか	2-3,6,10-11
暗い色味（5番以上）で		紫外線	22,25,28
繰り返し染めると（一口メモ）	101	自然乾燥とドライヤー乾燥（Q&A）	89
黒髪	18	脂肪酸	30-33,40
黒染め	103,111,114	高級脂肪酸	48
毛流れ	3,6,11-15,63,65-67		

湿度	15,61	洗髪の実態	40-41
地肌洗浄ブラシ	35	洗髪頻度	50-51,56
柔軟性	6-7	染毛間隔	114
出産後脱毛	119		
消炎剤	47	**【た】**	
白髪	18,128		
「一晩で白髪になる」について		タオルドライ	36,39
（一口メモ）	18	ターンオーバー	31-32
白髪が増える	123	退行期	16-17
白髪用と黒髪用／ヘアカラー		脱色による髪色変化（一口メモ）	102
（酸化染毛剤）	98	炭化水素	48
親水化	7	弾力（コシ）	7
スタイリング	58	弾性	7
スタイリング技術の歴史	78-83	男性型脱毛（壮年性脱毛）	118
スタイリング剤の歴史	82-83	力によるダメージ	70-71
スタイリング時のダメージ	70-71	ツヤツヤ	91
スタイリングのポイント	62-68	つや	2-4,6-7,11-14,128
スタイリングQ&A	88-91	梅雨時のスタイリング（Q&A）	89
スタイリング剤（乾かし方）	64-68	椿油	48
スタイリング剤型の特徴	75-77	テンション（一口メモ）	70
スタイリング剤の役割と種類	74-77	トリートメント	29,36-37,46-47,57
スタイリング成分の働き	74	ドライヤー	70-71,80,89
すすぎ	35-37,40,56	とかす	26-27,39
すべり（→なめらか）		頭皮ケア	
水素結合	58-59	概要	20-21
水分が入り込む	61	頭皮トラブル（を防ぐ）	30-33,42
水分量	14	歴史	50-53
成長期	16-17	頭皮のトラブルは夏よりも冬の方が多い	
静電気	29,46,62		33
石けん	44,46	頭皮の特徴	30
節水方法（洗髪時のエコ）	37	頭皮を洗う意識	40
洗髪方法	34-37,41		
洗浄成分	35,44-45		

【な】

なめらか	2-3,6,8-11,15,22,62,70
内部の成分が流れ出る	10-13
ニオイ	21,30-33
日常の頭皮の血流量と髪の関係	116
日本人と西洋人（コーカシアン）の	
毛髪の違い	144-145
抜け毛	16-17,56
濡れている髪のお手入れ	24,39
根元を乾かす	63-65
寝ぐせ	39,58-59,61
熱ダメージ	22,71

【は】

ハリ・コシ	10-11,62
パーマ	58-59,62,69,84-85,89
パーマによる傷み	22,25
パサつき	14-15,91
パッチテスト	110
半永久染毛料	95
皮脂	30-34
皮脂腺	30
皮膚への刺激性	43
表面や毛先をきれいに仕上げるコツ	67
フィナステリド（一口メモ）	118
フケ	32-33
ブラシ	70
ブラッシング（コラム）	27
ブロー	80
ブロンド	18
プリンと逆プリン	103

ヘアウォーター	65,75-76,82
ヘアオイル	76,83
ヘアカラー（酸化染毛剤）	
Q&A	110-115
傷み	22-23
色選び　黒髪／白髪、色味	100-104
剤型／クリーム・乳液・液状・	
ジェル・泡	99
女性用と男性用	111
白髪用と黒髪用	98
ダメージ低減技術	108
特徴、選び方	93-94,96-97
ニオイ低減技術	108
リタッチ・部分染め	96-97
ヘアクリーム	75-76
ヘアケア製品	42-49
シャンプー	42-45
洗浄成分	44-45
リンス・コンディショナー・	
トリートメント	46-47
コンディショニング成分	48-49
ヘアサイクル	16-17
ヘアジェル	68,77
ヘアスタイルが乱れるのは	60-61
ヘアスタイルの手直し（Q&A）	88
ヘアスタイルの歴史	78-87
ヘアスタイルを整えにくい髪の状態	62
ヘアスプレー	68,75,77,82,84,88-89
ヘアフォーム	67,75,77,82,85
ヘアマニキュア	94-97
ヘアミルク	67,76
ヘアワックス	68,75,77,82-83,85
ベタイン系（洗浄成分）	44

べたつき	31,33
米国の洗髪事情（コラム）	41
ホットカーラー	73
ポリオキシエチレンアルキルエーテル硫酸塩（洗浄成分）	44
保湿剤	47

【ま】

マッサージ	117,120-121
まとまり	6-7
まとめ髪	89
摩擦	22,24-25
18-メチルエイコサン酸	8,28,48
メデュラ	4,16
メラニン（色素）	4,16-18,28,93,144
メラノサイト	16,18
毛球	16
毛乳頭	16-17
毛髪・頭皮ケアの歴史	50-53
毛髪と頭皮のケアQ＆A	54-57
毛髪内部の傷みと補修	23,139-143
毛母細胞	16-18
毛量が減る	124

【や】

油脂	48
湯温（洗髪時の）	35
湯シャン	56
指先	15
予洗い	34
汚れる	9

【ら】

ラウレス硫酸塩	44,45
リンス	46-47
リンスの由来（コラム）	46
硫酸エステル塩	45
冷風	90

Q&A 一覧

洗いすぎると皮脂分泌量が多くなるの？	57
洗い流すトリートメントと洗い流さないトリートメント	57
育毛剤は女性用と男性用があるけど何が違うの？	129
傷んでいる部分が強く染まってしまうのですが…	113
色味がすぐに抜けるのですが…。	113
色持ち対策	113
枝毛を防ぐには？	54
屋内と屋外で髪色が違って見えるのはなぜ？	115
外出時の手直しの上手な方法は？	88
絡まり、ごわごわ対策	54
加齢でつやがなくなる原因と対策	128
乾燥した季節・環境のスタイリングのポイント	90
黒染め、髪色戻しって？	111
黒染めしたら明るくできるの？	114
さらさらのストレートヘアにするには？	91
自然乾燥とドライヤー、どっちがいいの？	89
白髪を抜いてはいけないの？	128
シリコーンは髪や肌に良くないの？	55
すすぎ残すとなぜ良くないの？	56
洗髪時に抜け毛が多いのは？	56
洗髪頻度の目安は？	56
染毛間隔	114
染毛前にスタイリング剤がついていても大丈夫？	112
ツヤツヤにするには？	91
梅雨時のスタイリングのポイントは？	89
頭皮は硬いとなぜ良くないの？	129
年齢に合ったヘアケア品を選ぶポイントは？	129
ノンサルフェートって？	57
パサつきを防ぐには？	91
パーマとヘアカラーの施術順	115
美容院のカラーリングと市販のカラーリングは何が違うのですか？	110
ヘアカラー（酸化染毛剤）で放置時間が長すぎたら染まりすぎますか？	112
ヘアカラー（酸化染毛剤）の女性用と男性用はどう違うの？	111
ヘアカラー（酸化染毛剤）の皮膚試験（パッチテスト）は毎回必要？	110
ヘアカラーで思った色に染まらなかったら、すぐに染め直せるの？	114
ヘアカラー、ヘアマニキュアを乾いた髪に塗布するのはなぜ？	112
湯シャンていいの？	56
冷風を使った方がいいの？	90

おわりに

　最初に「この本は、ヘアケアに興味を持ち始めた人向けに執筆しました」と書きました。読み終えて、皆さんの感想はいかがでしょうか？

　ヘアケア情報は、ちまたにあふれていますが、断片的な情報が多く、毛髪の説明があっても、お手入れにつながる事象をきちんと説明したものが少ないように思います。そのため、わかりやすくヘアケアを解説する、特に美しい髪をつくる、維持するということを目的で書いてみました。

　この20年ほどの毛髪科学の進歩は目を見張るものがあり、毛髪内部の細かな構造までわかってきました。ダメージのしくみの解明や補修技術にも進展があります。それらも一部紹介させていただきました。

　読者の方々が本書によって、「ヘアケアってなに？」ということへの疑問が一部でも解消されて、美しい髪を持ち続ける術を少しでもご理解いただけたら、たいへんうれしく思います。

　髪の毛は、とても身近な存在ですが、まだまだわかっていないことも多くあります。私たち毛髪科学者は、新しいヘアケア技術を生み出すべく、的確なヘアケア方法の研究をさらに進めていきます。

〈著　者〉

花王株式会社　ヘアケア研究所*

　小池謙造 主席研究員，杉野久実 主任研究員，
　伊藤隆司 上席主任研究員，髙橋俊江 上席主任研究員，
　長瀬忍 主席研究員

※花王株式会社　ヘアケア研究所：花王石鹸（1887年創業，現
　花王株式会社）の研究所として1921年創立。1932年　花王シャ
　ンプー（粉末），1960年　液体シャンプーを開発。その後，「メ
　リットシャンプー」（1970），ヘアスプレー「ケープ」（1976），
　「花王ヘアカラー」（1985），「サクセス薬用育毛トニック」
　（1987）などを開発。その他のヘアケアブランドとしては，
　エッセンシャル，アジエンス，セグレタ，リーゼ，ブローネ
　などがある。近年，毛髪科学研究にも取り組んでおり，その
　発表した成果は，論文賞，学会賞等を受賞している。

改訂新版
ヘアケアってなに？

第1版　第1刷　2019年5月8日発行

　編　　集／繊維応用技術研究会
　著　　者／花王株式会社 ヘアケア研究所
　　　　　　小池謙造，杉野久実，伊藤隆司，髙橋俊江，長瀬忍

　発　行　所／株式会社 繊　維　社 企画出版
　　　　　　　〒541-0056　大阪市中央区久太郎町1-9-29（東本町ビル）
　　　　　　　電　　話　06-6251-3973　　ファクシミリ　06-6263-1899
　　　　　　　E-mail：info@sen-i.co.jp　　https://www.sen-i.co.jp
　　　　　　　振替：00980-6-21281

　印刷・製本所／尼崎印刷株式会社

禁無断転載・複製　　　　　　　　　　　　　　　　　　Printed in Japan
© Consortium for Application of Textile Technology　ISBN978-4-908111-14-3

羊毛の構造と物性

日本を代表する羊毛技術者
羊毛科学の新バイブルがついに登場！
羊毛科学の新バイブルがついに登場！

羊毛科学の新バイブル技術者23人が集結！

第一部：羊毛科学の基礎篇

第二部：研究者向け応用篇

これ一冊で羊毛科学研究を総合的に網羅！
好奇心レベルから大学教授レベルまで対応

毛髪研究・技術者
必見の最新知識！

羊毛研究の基礎が、毛髪研究の
新しい扉を拓く！

世界最新

「羊毛の七不思議」ついに解明へ！

クリンプの原理とはっ水性の原理
解明結果が読めるのは本書だけ！

コルテックスの二重構造とクリンプの関係や、18―メチルエイコサン酸の記述がない書籍なんて、もう時代遅れ！ 最先端がここに！

直径, nm
(μm)

α－ヘリックス
2量体

IF
IF＋IFAP

マクロフィブリ
コルテックス細胞

キューティクル細

羊毛繊維

羊毛の構造と物性

日本羊毛産業協会 編集

繊維社 企画出版

こんな方にオススメ！

羊毛工業・合成繊維
縫製、ファッション、流通に
教育・試験検査機関に
化粧品業界

編　集：日本羊毛産業協会

発　行：株式会社　繊維社　企画出版
　　　　https://www.sen-i.co.jp

Ｂ５判　220ページ　上製本

定　価： 5,000円 ＋税 （送料400円）